ÉLÉMENTS

D'HISTOIRE NATURELLE

GÉOLOGIE

OUVRAGE

Rédigé conformément au programme officiel du 2 août 1880

PAR

J.-Henri FABRE

Docteur ès-sciences

CLASSE DE QUATRIÈME

PARIS

LIBRAIRIE CH. DELAGRAVE

15 RUE SOUFFLOT, 15

Géométrie, *suivant les programmes du 2 août 1880*, classes de quatrième et de troisième, par M. DUFAILLY.

ÉLÉMENTS
D'HISTOIRE NATURELLE

GÉOLOGIE

ÉLÉMENTS

D'HISTOIRE NATURELLE

GÉOLOGIE

OUVRAGE

Rédigé conformément au programme officiel du 2 août 1880

PAR

J.-Henri FABRE

Docteur ès-sciences

CLASSE DE QUATRIÈME

PARIS

LIBRAIRIE CH. DELAGRAVE

15, RUE SOUFFLOT, 15

1882

GÉOLOGIE

—

PREMIÈRE PARTIE

MODIFICATION CONTINUE DU SOL

—

CHAPITRE PREMIER

DÉGRADATION DES ROCHES PAR L'ACTION DE L'EAU ET DE L'AIR

1. Le globe terrestre. — La terre a la forme sphérique. Elle est isolée de toutes parts dans l'espace, et circule autour du soleil dans l'intervalle d'une année. Cette révolution annuelle donne lieu à la périodicité des saisons. En même temps que ce mouvement de translation, elle possède un mouvement de rotation sur elle-même dans l'intervalle de vingt-quatre heures. De là résulte l'alternative du jour et de la nuit.

La circonférence du globe terrestre est de 40 millions de mètres ou de 10 000 lieues métriques. Son rayon vaut 6 366 kilomètres, ou en nombre rond 1 600 lieues métriques. La surface du globe est de 50 995 millions d'hectares, et le volume est de 1 082 841 millions de kilomètres cubes. Enfin la terre est légèrement renflée à l'équateur et déprimée aux pôles. La différence entre le rayon équatorial et le rayon polaire est de 21 318 mètres ou de cinq lieues métriques à peu près.

Une difficulté ne manque pas de se glisser dans l'esprit au sujet de la forme arrondie de la terre. On se demande comment avec ses chaînes de montagnes et ses vallées profondes, la terre peut toujours être qualifiée de sphérique. Volontiers, on reconnaît la courbure régulière des mers ; mais le sol paraît sans ordre dans sa configuration générale, car il est de partout hérissé d'irrégularités énormes. Eh bien, proportionnellement aux dimensions de la terre, ces irrégularités ne sont à peu près rien. Une orange est ronde malgré les rugosités de sa peau, et cependant, par rapport à ce fruit, ces rugosités sont plus considérables que les plus grandes montagnes par rapport au globe terrestre.

Figurons en effet la terre par une grosse sphère parfaitement unie, de deux mètres de diamètre ; puis, dans de justes proportions, représentons en relief à sa surface quelques-unes des principales montagnes du globe. Le mont le plus élevé est le *Gaurisankar*, qui fait partie de la chaîne de l'Himalaya, vers le centre de l'Asie. Son altitude est de 8 840 mètres, presque le double de celle du mont *Blanc*, la plus haute cime de l'Europe. Pour représenter le Gaurisankar sur la grosse sphère figurant la terre, il faudrait un petit grain de sable d'un millimètre et un tiers de relief. La moindre rugosité d'une orange est incomparablement plus par rapport à ce fruit.

La terre n'est donc qu'une boule plus grande, parsemée d'autres grains de poussière et de sable proportionnés à sa grosseur et qui sont les montagnes. Il convient de bien se pénétrer de cette idée, afin de ne pas attribuer aux inégalités de la surface terrestre une importance qu'elles n'ont pas ; l'esprit alors saisira mieux comment l'incessante activité des forces modificatrices peut amener des changements dans d'aussi faibles reliefs.

Les considérations suivantes nous montrent sous un autre jour le peu de saillie des inégalités terrestres. Supposons que toutes les montagnes de l'Europe soient rasées et que les matériaux en soient employés à combler les plaines basses et les vallées, de manière que la surface de cette partie du monde se trouve nivelée et convertie en un plateau uni. Quand ce nivellement général sera effectué, la hauteur de l'Europe au-dessus du niveau des mers sera seulement de 205 mètres. C'est ce qu'on appelle l'altitude moyenne.

On trouve de même que l'altitude moyenne est de 350 mètres pour l'Asie, de 285 mètres pour les deux Amériques. Quant à celle de l'Afrique, elle n'est pas déterminée parce que l'intérieur de cette partie du monde n'est pas encore suffisamment connue. Le relief moyen des continents au-dessus des eaux est donc de 300 mètres environ. Pour le représenter sur la boule de deux mètres de diamètre qui vient de nous servir de terme de comparaison, il faudrait une épaisseur moindre que celle d'une simple feuille de papier.

2. Les océans et l'atmosphère. — Les mers couvrent à peu près les trois quarts de la surface de la terre, et leur profondeur moyenne paraît être de 6 à 7 kilomètres. Mise en parallèle avec la masse de la terre, l'inconcevable volume des eaux océaniques se réduit à bien peu. Pour le représenter sur notre globe de deux mètres de haut, une couche liquide d'un millimètre d'épaisseur suffit ; c'est-à-dire qu'un pinceau largement imbibé et promené à la surface d'un globe géographique ayant les dimensions qu'on donne habituellement, laisserait après lui assez d'humidité pour figurer les Océans.

Le globe terrestre a une autre mer, la mer aérienne ou l'*atmosphère*, qui l'enveloppe de partout et forme une couche continue, d'une quinzaine de lieues d'épaisseur. La physique, s'aidant du baromètre, sait obtenir le poids total de cet océan gazeux. Elle nous apprend que le poids de l'atmosphère serait représenté par celui de 585 000 cubes de cuivre ayant un kilomètre de côté. Or chacun de ces dés de métal pèse environ 9 000 000 000 000 de kilogrammes. Et cependant l'atmosphère est composée d'une substance des plus légères, d'un gaz subtil, invisible ; et sur la terre, elle occupe bien peu de place. Elle serait figurée sur une boule de 2 mètres de diamètre par une couche gazeuse d'un centimètre d'épaisseur. Autour d'une pêche, l'océan atmosphérique serait représenté, mais avec une exagération énorme, par l'imperceptible duvet qui veloute ce fruit.

3. Action de l'atmosphère sur les roches. — Avec ses alternatives de sécheresse et d'humidité, de chaleur et de froid, de gelée et de dégel, avec ses décharges électriques et ses fluctuations tempétueuses, l'atmosphère est, pour la terre ferme, une cause lente mais incessante et irrésistible de dégradation. Si dure que soit une masse pierreuse, elle l'émiette à la longue et la met en poudre ; si élevé que soit un pic, elle le démolit grain à grain. Ses coups de foudre brisent les crêtes des montagnes, ses vents déplacent les sables ; son humidité pénètre les roches, les désagrège lentement, modifie leur nature chimique et dissout les principes solubles.

La gelée suivie du dégel agit plus puissamment encore. Une masse rocheuse s'imbibe, par exemple, d'humidité à la surface ; le froid arrive, et, par la dilatation de la glace formée dans les moindres interstices, il détermine en tous sens des millions de gerçures. Au dégel, la superficie du bloc tombe en écailles. L'humidité et le froid reviennent, et de nouvelles dégradations se poursuivent jusqu'à ce que le bloc soit réduit de proche en proche en fragments, en menus éclats, en grains sablonneux.

Il se fait de la sorte, sur les continents, un continuel travail de démolition dont les causes sont les divers agents atmosphériques. Partout la roche, jusqu'à une certaine profondeur, est disloquée, fendillée, ou du moins altérée dans sa structure ; si bien que les carriers, pour trouver des blocs compactes et homogènes, tels que les réclament les arts de construction, doivent presque toujours déblayer la surface et enlever une épaisseur plus ou moins grande de roche sans valeur.

Si les dégradations ont lieu sur des pentes, les débris finissent par glisser dans les vallées voisines. De là résultent les escarpements nus des montagnes et les amas de fragments éboulés qui recouvrent leurs flancs et leur pied. Ailleurs le roc, corrodé dans ses parties moins dures et laissé intact dans ses parties plus résistantes, affecte des configurations étranges; il devient une aiguille, une dent, une crête dentelée, une sorte de mur à pic, une pile de blocs superposés dans des conditions d'équilibre bizarre. Ailleurs, encore, il surplombe, de siècle en siècle, manque davantage d'appui, finit par se détacher et roule, parfois énorme, jusqu'au bas des pentes. Ainsi donc, par l'action seule de l'atmosphère, les reliefs des continents lentement se dégradent; toutes les montagnes montrent, sur leurs pentes, des traînées de débris peu à peu détachés de leurs flancs ou éboulés de leurs cimes. Dans les Alpes et Pyrénées, ces entassements de débris, remarquables surtout en certaines vallées, se nomment *chaos* ou *clapiers*.

4. **Éboulements.** — D'épaisses nappes de matière tourbeuse, situées sur des pentes, lentement gonflées par les eaux pluviales et converties en une pâte demi-fluide, finissent par céder à la pesanteur et se précipitent en furieux torrents de boue. D'autres fois, une couche d'argile se trouve enclavée, à une profondeur qui peut être considérable, entre des assises de roc. Si le terrain est incliné et que la couche argileuse vienne à se délayer par l'infiltration des pluies, les assises supérieures s'ébranlent et se déplacent sur leur glissant appui. C'est ainsi que les exemples abondent de terrains transportés ailleurs avec leurs cultures, leurs arbres, leurs habitations, et parfois d'un mouvement si doux, que les habitants ne s'en aperçoivent pas tout d'abord.

Mais de tels glissements sont bien loin d'être toujours inoffensifs. Le plus lamentable dont l'histoire fasse mention est celui du Rosemberg. Après une saison très pluvieuse, qui avait changé les couches d'argile en lits de boue, le 2 septembre 1806, les habitants de la vallée de Goldau, au centre la Suisse, entendirent un violent craquement descendre des hauteurs voisines. Les couches superficielles du Rosemberg, détachées de la montagne sur une longueur de quatre kilomètres et une épaisseur de 32 mètres, glissaient sur les pentes, chargées de leurs forêts, de leurs pâturages, de leurs hameaux, de leurs habitants, et s'abîmaient dans la vallée avec un fracas formidable. Les roches entrechoquées lançaient des langues de flammes, l'eau vaporisée par la chaleur de friction tonnait en projetant des gerbes de pierre, comme le ferait la bouche d'un volcan ; des hauteurs de l'air, violemment commotionées, les oiseaux tombaient, étouffés soudain. En cinq minutes, les vallées de Goldau et de Busingen disparaissaient sous les débris, entassés jusqu'à la hauteur de 60 et 70 mètres. Il s'était éboulé du Rosemberg plus de 50 millions de mètres cubes de roches, de fange et de cailloux. Cinq villages avec un millier d'habitants furent ensevelis sous cette avalanche de pierres.

De tels écroulements de montagnes, dont les exemples surabondent, frappent vivement l'esprit, et laissent dans l'histoire des souvenirs profonds. Nous mesurons leur importance à l'étendue de nos désastres ; mais en réalité, ils n'ont qu'un rôle secondaire dans les dégradations des reliefs du sol. Les vrais destructeurs du roc, les vrais niveleurs des inégalités terrestres, ce sont ces forces lentes auxquelles nous ne prenons pas garde, l'air, l'humidité, la gelée, forces irrésistibles ayant pour elles le temps indéfini. Éclat par éclat, grain de sable par grain de sable, elles corrodent, elles abaissent les montagnes, et en étalent les ruines dans les plaines d'abord puis dans le lit des mers.

5. **Désagrégation des roches granitiques ; argile, kaolin.** — Les roches granitiques, qui sont, avec le calcaire, les matériaux les plus abondants des assises du sol, nous fournissent un exemple remarquable de cette incessante corrosion des reliefs terrestres par les agents atmosphériques. Le granit est une roche complexe, mélange de grains de quartz, de lamelles de mica et de cristaux d'orthose. Sa structure compacte, sa dureté

extrême, sembleraient devoir le mettre à l'abri de l'altération ; néanmoins, par une longue exposition à l'air, ses parties se désagrègent, s'émiettent en grains de sable et même tombent en poussière. L'un de ses éléments, l'orthose, est une association de deux silicates : silicate d'alumine et silicate de potasse. Or les eaux pluviales, toujours plus ou moins chargées d'acide carbonique, attaquent ce dernier silicate, forment avec sa base du carbonate de potasse, composé soluble que les lavages entraînent. L'acide silicique mis en liberté est lui-même lentement dissous. Quant au second silicate de l'orthose, le silicate d'alumine, l'eau ne peut l'attaquer. Il reste donc sans altération chimique, mais, privé de ce qui lui était associé pour former édifice stable, il tombe en fine poussière au pied du bloc de granit. L'altération commence à l'extérieur de la roche, à la surface des cristaux, qui perdent leur aspect satiné, leur brillant, leur coloration légèrement rose, deviennent blancs et se couvrent d'une efflorescence farineuse. A mesure que ce travail de décomposition se propage, le granit, la masse si dure du début, devient masse friable.

Parfaitement pur et blanc, le silicate d'alumine qui provient de l'altération lente des roches granitiques constitue le *kaolin*, argile avec laquelle se fabrique la porcelaine. En France, les gisements principaux de kaolin se trouvent au voisinage de Limoges. Les argiles communes, dont la coloration si variée est due à la présence de matières étrangères, sont pareillement du silicate d'alumine. Elles proviennent de la décomposition de roches à silicates doubles. Les différentes influences qu'elles ont subies après la destruction de la roche originelle, leur transport par les eaux et leurs mélanges accidentels, sont cause que les argiles, bien qu'ayant peut-être toutes la même origine, présentent néanmoins des compositions fort variées.

6. Action des eaux. Formation du Zuyderzée. — Ce sont les eaux, soit continentales, soit marines, qui altèrent le plus rapidement la configuration de la surface terrestre.

Tantôt elles agissent comme puissance mécanique, qui presse par son poids contre les obstacles, les mine et les renverse; ou bien les heurte de front dans l'élan de sa vitesse acquise, les fragmente par ses chocs répétés et en roule les débris, qu'elle transporte au loin sous forme de galets, de sables, de limons. Tantôt encore leur rôle est de dissoudre, de ramollir, de délayer. Examinons quelques-uns des effets de l'eau sous chacun de ces aspects.

FIG. 1. — Rochers corrodés par les eaux.

La Hollande porte le nom expressif de *Pays-Bas*, parce qu'une grande partie du sol y est inférieure au niveau de la mer. En culbutant par l'énorme poussée de leur poids les digues soit naturelles, soit artificielles qui les maintiennent, les eaux océaniques ont fait, à nombreuses reprises, de terribles irruptions sur ces terres basses, et menacent toujours de recommencer leurs ravages. Depuis le vi^e siècle jusqu'à nos jours, l'histoire parle de près de deux cents inondations, parmi lesquelles les plus désastreuses ont été les suivantes :

En 1225, la mer du Nord, renversant et balayant sa barrière de dunes et d'îles sablonneuses, engloutit trente lieues carrées de pays, et convertit en peu d'heures un lac, jusqu'alors isolé à l'intérieur, en un grand golfe, le *Zuyderzée* actuel. Cinq ans plus tard, l'invasion des eaux dans la Frise, au nord du nouveau golfe, fit plus de cent mille victimes. En 1284, dans un débordement du Zuyderzée, quatre-vingt mille personnes périrent.

Pour se garantir de semblables inondations et gagner sur l'Océan de nouvelles terres, les Hollandais opposent aux eaux de hautes et larges digues, chefs-d'œuvre de volonté tenace et d'infatigable patience. Tous les ans, on y travaille; à chaque tempête, on les répare, ou en construit de nouvelles et de plus fortes. L'existence dépend de cette lutte continuelle contre les flots.

7. Recul des falaises de la Manche. — Par l'effet des marées et du souffle des vents, la surface des mers est en mouvement presque continuel. De là résultent les vagues, dont la puissance mécanique modifie sans cesse le contour des continents. Là où le rivage coupé à pic se présente de front aux assauts de la mer, l'œuvre de démolition marche avec assez de rapidité pour être sensible d'une année à l'autre. Considérons, par exemple, les escarpements verticaux ou *Falaises* des côtes de la Manche, tant en France qu'en Angleterre. Sans relâche, l'Océan les affouille, les sape par la base et en fait ébouler des pans qu'il triture en galets. Si résistante que soit la roche, elle finit par céder, car, outre leurs nappes liquides, les flots lancent contre la falaise de lourds et durs projectiles, sables, cailloux roulés, fragments anguleux récemment éboulés. Avec les matériaux de la démolition antérieure se poursuit, irrésistible, la démolition présente.

Il suffit d'une violente tempête pour abattre, sur les rochers de la Hève, une épaisseur de 15 mètres. La moyenne enlevée est de 2 mètres par an. Les falaises du Calvados reculent annuellement d'au moins un quart de mètre, et celles des côtes orientales et méridionales de l'Angleterre d'un mètre à peu près. Aussi l'histoire a conservé le souvenir de phares, de tours, d'habitations, de villages même, qu'il a fallu peu à peu abandonner à la suite de pareils éboulements, et dont les ruines sont aujourd'hui sous les flots. L'ancien emplacement du village de Sainte-Adresse est maintenant un écueil.

Si la mer sans cesse détruit, sans cesse elle reconstruit : ce qu'elle enlève ici, elle le dépose ailleurs. Dix millions de mètres cubes de matériaux sont annuellement arrachés aux falaises de la Manche. De là résultent des galets que

Fig. 2. — Falaise.

les mouvements de la mer acheminent vers l'embouchure de la Somme; puis, par une trituration de tous les instants, des amas boueux, des limons, que les courants entraînent, de banc de sable en banc de sable, à travers le détroit, pour les déposer sur les rivages indécis de la Hollande.

8. Action des eaux courantes. Creusement des vallées. — Sur des pentes rapides, les torrents, grossis

FIG. 3. — Dégradation du littoral par les eaux de la mer.

soudain par les pluies d'orage ou par la fonte des neiges, sont capables des plus violents effets. Les fissures d'un terrain disloqué donnent d'abord prise aux eaux, qui bientôt détachent des fragments et les roulent avec elles. Ceux-ci, de leurs chocs, en détachent d'autres plus volumineux ; des blocs de plusieurs mètres cubes s'ébranlent, heurtant des pans de roche vive qui se fendillent à leur tour et s'écroulent en ruines. Alors la masse des eaux est centuplée en puissance par les mille débris se précipitant avec elle, et rien ne résiste à son indomptable élan.

Ainsi se sont creusés et s'approfondissent chaque jour davantage, par l'action des eaux, les vallées dites *vallées d'érosion*. Le Colorado, en Californie, descend d'un étage à l'autre des montagnes Rocheuses, par une gorge profonde creusée dans le roc, parfois même dans le granit. Les parois de cette rigole d'érosion sont verticales et se dressent en face l'une de l'autre, comme des murailles parallèles, jusqu'à une hauteur moyenne d'un millier de mètres. En quelques points, la largeur de cet étrange canal atteint à peine 30 mètres. Un ruisseau de la Sicile, le Simeto, fut barré, il y a une paire de siècles, par un courant de lave venu de l'Etna. Aujourd'hui le cours d'eau coule à travers la barrière volcanique ; il s'est ouvert dans le dur basalte un canal d'une trentaine de mètres de profondeur sur une douzaine de mètres de largeur. De semblables défilés, œuvre des eaux, sont fréquents dans notre Jura, où ils portent le nom de *cluses*.

9. Matériaux entraînés par les eaux courantes. — Les éclats rocheux, de toute forme, de tout volume, heurtés continuellement l'un contre l'autre, perdent d'abord leurs angles, puis s'arrondissent par leur mutuel frottement et prennent le poli par la friction plus douce des parcelles sablonneuses. Telle est l'origine des *cailloux roulés* ou *galets*. Les plus volumineux s'arrêtent les premiers, quand l'affaiblissement des pentes ne laisse plus aux eaux la force de les entraîner ; ceux de dimensions moindres arrivent jusqu'au fleuve, dont le torrent est tributaire. Là se poursuit la friction mutuelle, qui achève de polir ou brise en plus petits fragments. Enfin lorsque le fleuve s'approche de son embouchure et n'a presque plus de pente, ses eaux tranquilles ne charrient guère que le fin résidu de tout ce travail de trituration, les sables et les matières limoneuses.

La terre ferme est parcourue par d'innombrables cours d'eau. Tous, depuis le moindre ruisseau jusqu'au plus grand fleuve, arrachent mille débris au sol, et de dépôt en dépôt, les conduisent finalement à la mer à mesure qu'ils sont réduits en parcelles assez menues. Quelques exemples nous donneront une idée de la quantité de matériaux ainsi entraînés. Le Mississipi déverse annuellement dans le golfe du Mexique une masse de limon suffisante pour couvrir 256 hectares d'une couche de 90 mètres d'épaisseur. Dans le cours d'une année, le Gange jette à la mer une masse de limon évaluée entre 180 et 235 millions de mètres cubes. Beaucoup de collines que nous jugeons considérables n'ont pas cette masse; le Gange les balayerait en entier pour un seul de ses tributs annuels à l'Océan. Le Brahmapoutre, son voisin, accomplit un travail tout aussi immense.

Mais de tous ces grands corrodeurs de continents, les plus actifs sont le Hoang-ho et le Yang-tse-Kiang, en Chine. Le premier, en vingt cinq-jours, crée à son embouchure une île d'un kilomètre carré de superficie, et menace de combler tôt ou tard le vaste golfe où il se déverse Le second charrie à la mer trois fois plus de matériaux que le Gange. Pour balancer cette puissance de transport, il faudrait qu'une flotte de deux mille navires, chargés chacun de quatorze cents tonnes de limon, descendît chaque jour le fleuve et chaque jour jetât son fardeau à la mer.

Dans la saison des pluies, l'Amazone occupe à son embouchure 200 kilomètres de largeur, et, de ses eaux bourbeuses, trouble l'Atlantique jusqu'à 200 lieues des côtes. La masse des débris arrachés au sol et ensevelis dans la mer par ce géant des fleuves est au-dessus de tout calcul.

10. Dépôts de sable, de vase. — Formation des deltas. —Pendant les grandes crues, les fleuves débordés laissent à droite et à gauche de leur lit normal des amas sablonneux ou limoneux nommés *alluvions*. Mais c'est surtout dans la partie inférieure du cours et à l'embouchure que les dépôts deviennent abondants, lorsque le courant des eaux et l'action des vagues ne parviennent pas à les déblayer. Ainsi se forment, à l'embouchure surtout des fleuves non balayés par la marée, les *barres* ou bourrelets qui se recourbent en croissant à quelque distance des côtes et obstruent le passage; ainsi apparaissent, aux dépens de l'étendue marine, de nouvelles terres, d'abord multitude d'îlots de sable et de vase, puis *atterrissements* continus qui prolongent le *delta* déjà formé.

Citons, comme exemple, les atterrissements du Pô et de l'Adige, qui empiètent sur l'Adriatique de 70 mètres par an. Plusieurs villes voisines, autrefois ports de mer, sont aujourd'hui reculées dans les terres. Adria, ville ancienne qui a donné son nom au golfe, était un port il y a dix-huit siècles; elle est aujourd'hui à huit lieues du rivage. Ravenne également était jadis un port; maintenant deux lieues de terre la séparent de la mer.

Des dépôts rapides ont également lieu dans la partie inférieure du cours du Pô, à tel point que pour maintenir le fleuve, dont le lit s'exhausse toujours, il a fallu l'encaisser entre de hautes digues pareilles à un immense aqueduc. Aujourd'hui, le Pô coule au-dessus des plaines environnantes; son niveau dépasse les clochers de Ferrare, éloignés de quelques kilomètres; pendant ses crues, qui ont lieu deux ou trois fois dans l'année, le fleuve menace les contrées voisines d'une submersion totale, si les levées qui le maintiennent venaient à céder.

Entravé par ses propres dépôts, un fleuve, avant de rejoindre la mer, se divise en un nombre plus ou moins grand de ramifications divergentes. Les atterrissements compris entre le littoral et ces ramifications du fleuve ont à peu près la forme d'un triangle; aussi leur donne-t-on le nom de *deltas*, à cause de leur ressemblance avec la lettre Δ de l'alphabet grec. Tels sont les deltas du Rhône, du Pô, du Nil, du Gange, du Mississipi.

11. Dunes. — Les débris des falaises broyés en grains de sable et entraînés par les courants vers des plages de peu de relief sont les matériaux d'où proviennent les *dunes*, longues collines sablonneuses rangées en plusieurs files parallèlement au rivage de la mer. Les côtes océaniques de la France présentent des dunes dans le Pas-de-Calais, à partir de Boulogne; en Bretagne, du côté de Nantes et des Sables-d'Olonne; et dans les Landes depuis Bordeaux jusqu'aux Pyrénées, sur une longueur de soixante lieues. Dans le seul département des Landes, les dunes occupent une superficie de trente mille hectares.

C'est un monotone désert où se dressent d'innombrables collines de sable mouvant dont la plus grande hauteur atteint de 70 à 80 mètres. Des vallées nommées *lettes*, semblables aux lits d'énormes fleuves desséchés, séparent les amoncellements sablonneux. Ceux-ci, à croupe arrondie et brillante, se couvrent d'un brouillard de sable dès que le vent souffle; leur crête fume comme celle de la vague fouettée par la tempête. Peu à peu les matériaux mobiles de chaque dune s'éboulent ainsi dans la vallée suivante qui devient dune à son tour; et si la bourrasque est forte et de quelque durée, la configuration du sol se trouve profondément modifiée : ce qui était colline est devenu vallée, ce qui était vallée est devenue colline.

A chaque tempête, les dunes progressent donc dans l'intérieur des terres. Le vent soufflant de la mer chasse le sable d'un amoncellement dans la lette suivante, qui se comble et devient colline; le même fait se répète pour chaque dune, dont la plus avancée s'écroule sur les terres cultivées. En même temps, la mer entasse de nouveaux matériaux sur le rivage, pour constituer une nouvelle colline de sable marchant à la file des autres.

C'est de la sorte que les dunes envahissent lentement les terres cultivées et les recouvrent d'une énorme couche de sable stérile. Leur progression, évaluée à une vingtaine

de mètres par année, est irrésistible. Une forêt se pré-
sente-t-elle sur leur trajet, la forêt est ensevelie, et les
cimes des plus grands arbres dominent à peine, comme de
maigres buissons, les terribles collines mouvantes. Des
villages ont été engloutis; de grands édifices, des églises
ont disparu sous le sable.

A ce fléau que ne pourraient conjurer les forces de
l'homme, on oppose aujourd'hui avec succès une graminée,
le *Psamma des sables*, connu dans les landes sous le
nom de *Gourbet*. Entre les mailles de ses robustes rhizo-
mes, la plante enlace le sol mobile et le maintient fixé;
mais comme son action est toute superficielle, on lui adjoint
un arbre, le *Pin maritime*, qui plonge profondément ses
racines et finit par faire de la colline de sable un tout inébranlable. La graminée commence le travail de fixation et
permet à l'arbre de se développer; le pin, devenu fort,
achève l'œuvre. C'est ainsi qu'on a mis fin aux ravages des
dunes, et que, tout en sauvant un pays de la destruction,
on a créé de vastes forêts à revenus considérables.

CHAPITRE II

GLACIERS

1. Neiges perpétuelles. — A cause du refroidissement
rapide amené par l'altitude, la température, à une certaine
élévation, variable suivant les climats, se trouve toute
l'année au-dessous du point de congélation de l'eau. Dans
ces froides régions, les vapeurs atmosphériques ne peuvent
donc se résoudre en pluie, mais bien en neige, et cela en
été comme en hiver. En descendant des hauteurs atmosphériques où il se sont formés, les flocons de neige ren-

contrent sur leur passage des couches d'air de plus en plus chaudes, se fondent en route et arrivent enfin dans les plaines à l'état de gouttes de pluie. Toute pluie partie d'assez haut est de la neige dans le principe. C'est ce qu'on peut aisément constater dans les pays montueux : après chaque ondée dans les vallées, on voit sur les cimes voisines une couche de neige fraîchement tombée.

Fig. 4. — Cimes à neiges perpétuelles.

Il y a ainsi, d'un pôle à l'autre de la terre, dans les régions équatoriales, comme dans les zones tempérées et les zones glaciales, une hauteur au-dessus de laquelle la chaleur est insuffisante pour amener la fusion complète des neiges de l'année. A partir de cette hauteur, la pluie est inconnue, même au cœur de l'été; elle est remplacée par la neige et plus souvent encore par le *grésil*, variété de neige formée, non de larges flocons étoilés comme ceux que nous observons dans la plaine, mais bien de granules fins comme de la poussière, et de fines aiguilles de glace. Le sol, le roc ne s'y montrent jamais à nu, si ce n'est sur les escarpements à pic : des *neiges perpétuelles* les recouvrent.

La limite à laquelle commencent à se montrer les neiges perpétuelles doit être évidemment d'autant plus élevée que la contrée considérée occupe une latitude plus chaude; et par suite, d'une manière générale, elle doit s'abaisser graduellement de l'équateur vers l'un et l'autre pôle. Elle varie suivant les saisons, remontant en été, s'abaissant en hiver. Elle varie même d'une année à l'autre, d'un siècle à l'autre, avec les vicissitudes de la chaleur solaire et des agents atmosphériques. On prend pour limite le niveau de la saison chaude. A distance, la démarcation entre les régions supérieures blanchies en tout temps par la neige, et les régions inférieures où le sol est à nu, se traduit par une ligne horizontale, d'où partent des traînées plus ou moins longues formées par les glaciers, c'est-à-dire par les neiges accumulées dans les vallées et converties en glace. Sous l'équateur, les neiges perpétuelles commencent vers 4800 mètres; dans les Alpes et les Pyrénées, vers 2700; en Islande, à 936 mètres; au Spitzberg, à 0, c'est-à-dire au niveau même de la mer.

2. État des hautes cimes. — On parle quelquefois des glaces des hautes cimes. On est dans l'erreur si l'on attache à cette expression un autre sens que celui de neiges durcies. La véritable glace est impossible sur les montagnes très élevées, par la raison qu'il n'y a pas d'eau. L'eau, en effet, ne pourrait provenir que de la pluie et de la fusion de neiges. Et d'abord, nous venons de le voir, il ne tombe jamais de pluie sur ces froides sommités; de la neige et du grésil, voilà tout ce que y versent les nuages. En second lieu, les neiges n'y éprouvent qu'une fusion très superficielle dans les rares journées de beau temps. Le peu d'eau qui en résulte, en se congelant la nuit suivante, agglutine, durcit le tout; mais dans aucun cas, la fusion n'est assez abondante pour fournir la masse d'eau nécessaire à la formation d'épais bancs de glace. A ce sujet, voici ce qu'on observe au somment du mont Blanc.

Le faîte du mont a la forme d'une arête allongée, courant de l'est à l'ouest, à peu près horizontale, et si étroite, que deux personnes ne pourraient y marcher de front. Chaque versant est un immense et monotone champ de neige d'une éblouissante blancheur. Sur la cime même, la surface des neiges est enduite d'un mince vernis de glace, qui craque sous les pieds et tombe aisément en écailles. Ce vernis résulte d'une fusion superficielle provoquée de loin en loin par un coup de soleil, et suivie la nuit d'après d'une congélation. Sur les pentes, mieux exposées, la fusion est plus profonde ; aussi la croûte solide des neiges y est-elle en général assez épaisse pour ne pas se rompre sous les pieds.

Dans tous les cas, au-dessous de la couche glacée de la surface, la neige se retrouve, tantôt consistante, tantôt aride et farineuse. Plus profondément se montre une autre croûte glacée, suivie d'une nouvelle couche pulvérulente, et ainsi de suite. Il est visible que chacun de ces lits, séparés l'un de l'autre par une écorce de glace, représente les neiges d'une averse.

Le vernis glacé du sommet est tellement mince, qu'un coup de vent suffit pour le rompre et en faire voler les écailles à une grande hauteur, pêle-mêle avec des tourbillons de neige pulvérulente. Dans ces circonstances, on voit, des vallées voisines, une espèce de fumée grise ou de nuage qui s'élève de la cime dans la direction du vent. Les gens du pays disent alors que le mont Blanc fume sa pipe. Parfois, le panache de neige volante se colore en rouge aux rayons du soleil qui se couche, et prend l'apparence des flammes d'un volcan.

3. Influence de la chaleur solaire et des météores sur l'épaisseur des neiges. — Voici quelques nombres qui nous renseigneront sur la quantité de neige que les cimes des Alpes peuvent recevoir annuellement. Sur le Saint-Bernard, à l'altitude de 2472 mètres, l'épaisseur annuelle des neiges tombées a varié, dans une période de douze ans, de 4 à 14 mètres en nombres ronds. Sur le Saint-Gothard, à 2093 mètres d'élévation, il suffit parfois de l'averse d'une nuit pour fournir 2 mètres de neige. Sur le Grimsel, à la médiocre altitude de 1874 mètres, un célèbre observateur, Agassiz, a vu tomber en six mois d'hiver 17 mètres et demi de neige. La moyenne des observations donne, pour l'ensemble des Alpes, une épaisseur annuelle oscillant entre 10 et 18 mètres. Avec cette dernière valeur, il suffirait de moins de trois siècles pour doubler l'élévation du mont Blanc, si les couches neigeuses s'entassaient indéfiniment sans éprouver de déperdition.

Mais diverses causes s'opposent à pareil amoncellement. Par un temps calme et doux, les rayons du soleil peuvent fondre dans un jour un demi-mètre de neige, surtout si les couches supérieures sont peu compactes et permettent à la chaleur de pénétrer. D'autre part, si elle est favorisée par le vent, l'évaporation est assez active, même à deux ou trois degrés au-dessous du zéro thermométrique. Le vent chaud du midi *mange la neige*, d'après la locution adoptée dans les Alpes; en une douzaine d'heures, il fait disparaître, fondue ou évaporée, une épaisseur de neige de trois quarts de mètre. Enfin, chaque violente bourrasque soulève en tourbillons les neiges poudreuses des hauteurs, et les chasse par millions de mètres cubes dans les vallées voisines.

4. Avalanches. — A ces causes lentes s'adjoignent les écroulements des nappes neigeuses qui, entraînées par leur poids, quittent les hauteurs et descendent dans les vallées, où la température est suffisante pour la fusion. Les masses ainsi précipitées se nomment *avalanches*, ou bien encore *lavanges* et *challanches*.

Lorsque la pente qu'elle recouvre est rapide, l'épaisse nappe de neige, à peine retenue, glisse au moindre défaut d'équilibre. Une pierre qui se détache, le souffle du vent, le craquement d'un glacier, suffisent pour amener la chute. De proche en proche le mouvement se communique, et le champ de neige, s'ébranlant en entier, descend avec le fracas des eaux torrentielles. La puissante masse accélère sa marche, se heurte aux obstacles, se divise en tourbillons et soulève un nuage poudreux d'une éclatante blancheur. Une immense cataracte d'argent semble ruisseler furieuse sur les pentes de la montagne. Les sapins sont déracinés et emportés comme des fétus de paille ; des quartiers de roc sont arrachés et entraînés. L'air mugit sur les flancs de l'avalanche, et sa commotion est si violente, qu'elle suffit pour renverser, à distance, gens, arbres, habitations. Enfin le flot s'abîme dans les vallées. Le fracas du tonnerre n'est pas plus retentissant que celui de sa chute.

5. **Transformation de la neige en glace.** — Les hautes vallées, environnées de pentes toujours neigeuses, sont donc occupées par des neiges accumulées soit par la chute des avalanches, soit par le souffle des vents. Ces neiges, durcies, agglutinées par la pression de leurs assises énormes, et finalement converties en glace, constituent ce qu'on nomme un *glacier*.

Dans la partie supérieure de la vallée, la neige devient d'abord *névé*, c'est-à-dire se transforme en une masse grenue et sablonneuse. Ce premier changement est dû à la chaleur solaire : une fusion superficielle se fait, bientôt suivie d'une congélation qui transforme en un grain de glace chaque flocon de neige imbibé d'eau. De ce travail moléculaire, qui remplit les intervalles vides avec la glace provenant de l'eau de fusion, résulte une masse plus compacte et plus dure. Tandis qu'un mètre cube de neige récemment tombée ne pèse que 85 kilogrammes environ, le même volume de névé atteint jusqu'à 500 et 600 kilogrammes. Puis, à mesure que le glacier descend plus avant dans la vallée, la masse, énergiquement comprimée sous son propre poids, devient glace transparente, du poids de 960 kilogrammes par mètre cube. Douze fois plus légers que l'eau au début, les matériaux d'un glacier durcissent donc en progressant dans la vallée, et parvenus au terme de leur voyage, ils ont, de très peu s'en faut, la densité de l'eau.

Une curieuse expérience de physique reproduit cette transformation de la neige en glace. De la neige floconneuse est entassée dans un cylindre, puis soumise à un énergique pression à l'aide d'une presse hydraulique. Le résultat est un disque de glace compacte et transparente. Pareillement, lorsque nous comprimons entre les mains une pelote de neige ramollie par un temps doux, de la glace se forme ; il s'en produit aussi avec la couche de neige qui, sous la pression de nos pas, s'attache à nos chaussures.

Les effets de la pression sur la glace elle-même sont encore plus remarquables. Deux pièces de bois très résistantes et creusées chacune d'une cavité en forme de calotte sphérique, sont superposées avec les cavités en regard. Entre les deux, on dispose une épaisse plaque de glace qui repose sur les bords des cavités sans pénétrer dans leur intérieur, et l'on soumet le tout à la presse hydraulique. Serrée entre les deux moules en bois, la glace devrait se briser, ce semble, et se réduire en fragments incohérents, en poussière. Tout au contraire, quand on sépare les deux pièces de bois, on trouve que la glace s'est parfaitement moulée dans leurs cavités, et qu'elle forme une masse lenticulaire, homogène, limpide, sans fractures. Une substance molle ne prendrait pas mieux l'empreinte des moules. En variant la forme des cavités dans lesquelles la compression se fait, on donne à la glace telle configuration que l'on veut, celle d'une coupe creuse, d'un disque, d'un anneau. Dans tous les cas, la glace reproduit fidèlement le moule, à la manière d'une substance plastique.

Sous l'action de la presse, le bloc informe de glace se brise d'abord en menus fragments ; puis, sous l'effort d'une pression croissante, qui tend à réduire le volume le plus possible, une portion de la glace se liquéfie, car l'eau occupe un volume moindre que la glace d'où elle provient. Cette eau imbibe les débris à une température inférieure à zéro, elle les relie entre eux ; enfin, quand la pression s'amoindrit, la congélation se fait de nouveau et le tout se prend en une masse homogène. Cette propriété, dont le rôle est si grand dans les formations et la marche des glaciers, prend le nom de *regel*.

6. **Aspect d'un glacier.** — La plupart des hautes vallées voisines des neiges perpétuelles possèdent leur glacier. Dans les Alpes seules, on en compte plus d'un millier. Leur longueur est parfois de quatre à cinq lieues, et leur largeur d'une lieue et plus.

L'épaisseur de ces entassements de glace est communément de 70 à 40 mètres; mais en quelques points elle atteint de 200 a 400 mètres.

Rien de plus varié que l'aspect d'un glacier. Ici, c'est la mer subitement immobilisée par le froid au moment où, sur la fin d'un orage, elle s'enfle et se déroule en lourdes ondulations; là toute inégalité disparaît, et la surface n'est plus qu'un plan incliné, sablé de grains opaques de névé, ou un immense miroir resplendissant. Çà et là, dans le sens transversal, et surtout vers l'une et l'autre rives, bâillent des gerçures, dont quelques-unes découpent le glacier dans toute son épaisseur. Entre leurs parois verticales glisse une lumière verte ou bleuâtre, qui va s'éteignant plus bas dans une obscurité absolue. Du fond de ces crevasses monte une sourde rumeur d'eau courante : un torrent, en effet, circule sous le glacier.

Tantôt, dans sa partie centrale, la masse des glaces se bombe en gibbosité arrondie; tantôt, au contraire, elle s'excave en large canal. Mille ruisselets d'une eau vive et claire coulent dans des rigoles de glace et vont se perdre dans les *crevasses* ou s'amasser dans des bassins de cristal. Quelques-uns usent lentement les parois de la fissure où ils se perdent et transforment l'étroit passage en un trou de sonde, en un puits vertical qui traverse de part en part l'épaisseur entière du glacier. Ces perforations se nomment *moulins*, à cause du grondement de la colonne d'eau qui s'y engouffre. C'est au moyen de ces puits naturels, ainsi qu'au moyen des crevasses, qu'on a pu mesurer l'épaisseur des glaciers. En hiver, moulins et crevasses disparaissent, superficiellement obstrués par une couche de neige sans solidité et que rien ne distingue des nappes neigeuses voisines reposant sur un appui inébranlable. Ces *ponts de neige* sont pour l'explorateur le danger le plus grave ; ils. s'effondrent. sous la pression des pas, et l'imprudent disparaît dans l'abîme qu'ils recouvraient. Telle est la cause de la plupart des accidents survenus aux visiteurs des champs de glace. Très souvent, des masses considérables, circonscrites par des fissures, plus compactes que les masses voisines et plus résistantes à la fusion, s'isolent et dominent le reste du niveau en prenant les formes les plus étranges. Ce sont comme de grandes draperies retombant en plis d'albâtre, des cascades dont les flots durcis reposent au milieu d'une écume de neige, des arches en ruines, des édifices fantastiques du cristal le plus pur, des obélisques, des flèches, des crêtes de glace irisées par le soleil.

7. **Marche des glaciers.** — La vue d'un glacier laisse dans l'esprit l'idée d'un repos immuable, d'une éternelle immobilité. Ces immenses traînées de glace semblent inébranlablement fixées dans leurs vallées ; leurs assises paraissent avoir la stabilité des assises du roc, dont elles ont la puissance. Et cependant cette première impression nous trompe : les glaciers se meuvent. Ce sont des fleuves solidifiés, et, comme les fleuves liquides qu'ils engendrent, ils coulent ou plutôt ils marchent, mais avec une lenteur extrême. Trois décimètres par jour, c'est ce que parcourent les glaciers les plus rapides.

Entraînés par leur poids sur les pentes, ils descendent dans les vallées tout d'une pièce, se rétrécissant dans les défilés étroits, s'élargissant dans les larges passages, s'infléchissant, se rectifiant suivant que la vallée est sinueuse ou droite. Une masse plastique descendant des hauteurs, une coulée de laves par exemple, ne remplirait pas avec plus de fidélité le moule de la vallée. Néanmoins, malgré tous ces changements de configuration, le glacier n'est pas fragmenté. Il se fend çà et là, il est vrai, de larges fissures par suite de résistances inégales à la progression, il se fendille vers l'un et l'autre bord de profondes crevasses parce que là surtout, contre les rives, le frottement est énorme ; mais dans son ensemble, il se conserve com-

pacte, car les cassures se ressoudent au moyen de l'eau
apparue par l'effet de la pression, et les débris se re-
prennent en une masse homogène, en une glace transparente et bleue comme dans les expériences que nous
venons de citer sur le regel. La progression, abstraction
faite de la lenteur, est du reste de tous points comparable

Fig. 5. — Torrent et glacier.

à celle d'un cours d'eau. Elle est plus rapide dans la
partie centrale que sur les bords, où la résistance est plus
forte. De trois jalons alignés en travers d'un glacier, celui
du milieu ne tarde pas à dépasser l'alignement des deux
autres situés près des rives. Cette progression a ses remous
quand un promontoire se présente placé en travers du
courant général; elle a ses accélérations quand la masse
s'engage dans un défilé de largeur moindre; elle a ses

ralentissements quand le champ de glace est reçu dans un large bassin.

8. Front des glaciers. — A mesure qu'il descend, un glacier trouve des températures plus chaudes ; et, lorsqu'il est parvenu en un point où la chaleur s'oppose à l'existence de la glace, il se termine par un brusque talus, par un escarpement ou *front*, que la fusion détruit toujours, mais que renouvelle aussi continuellement l'arrivée des glaces suivantes. A partir de ce point, le glacier devient torrent et poursuit en liberté sa course, tandis que de nouvelles neiges s'accumulent dans le haut de la vallée, s'y convertissent en névé, puis en glace, et s'avancent pour entretenir dans un état constant le fleuve congelé.

Le front du glacier se découpe généralement en une vaste arcade, entrée d'une caverne creusée dans les glaces. Malgré ses robustes piliers, la voûte de cristal est sujette à de fréquents écroulements, aussi ne peut-on sans imprudence s'engager dans l'antre merveilleux. Les hardis explorateurs qui s'y sont aventurés aussi loin que possible nous racontent que la caverne des glaces s'étend fort loin, puis se subdivise et se termine en galeries étroites, en couloirs, en rigoles, où circule l'eau provenant de la fusion des neiges et des glaces et précipitées de la surface par les ouvertures des crevasses et des moulins. Cette eau est toujours boueuse, noirâtre, laiteuse ou verte, suivant la nature des roches que le glacier, par sa pression, triture au fond de son lit.

Il importe de remarquer que, pour atteindre le point de la vallée où sa fusion est totale, un glacier descend bien au-dessous de la limite des neiges perpétuelles. Dans nos régions, cette limite se trouve, avons-nous dit, à 2 700 mètres d'altitude. Or certains glaciers des Alpes descendent jusqu'à 1 100 et même 1 000 mètres. A cette élévation, les grands arbres et les pâturages sont non seulement possibles, mais encore les moissons peuvent fort bien mûrir. On a ainsi l'étrange spectacle de ces fleuves de glace descendus des hauteurs des éternels frimas, et, tout à côté, des forêts de hêtres et de sapins, des champs de céréales, des vergers, des jardins. Ce sont les glaces polaires au milieu des cultures des climats tempérés.

9. **Moraines.** — Un fleuve liquide roule des galets, entraîne des sables et des limons, qui forment les atterrissements de son embouchure, les alluvions de ses rives, les graviers qui pavent son lit. Un glacier, fleuve de glace, qui marche au lieu de couler, charrie également des débris; mais ses galets sont d'énormes blocs, et, au lieu de rouler au fond du lit, ils sont portés sur le dos du courant.

Sur chacun de ses flancs et dans toute sa longueur, un glacier est bordé par une rangée de débris, éboulés des pentes voisines par l'action de la foudre, des avalanches, des intempéries. Ce sont de grands quartiers de roche anguleux, des sables, des boues, entassés pêle-mêle. On donne à ces deux bordures de débris le nom de *moraines latérales*.

Si dans le glacier en débouche un autre par une vallée confluente, les deux moraines qui longeaient le promontoire de séparation se rejoignent et forment ensemble une traînée de pierres, qui occupe l'intérieur du courant et se maintient parallèle aux deux moraines des bords. A cause de sa position, cette nouvelle moraine est qualifiée de *médiane*. Chaque glacier tributaire du glacier principal donne ainsi naissance à sa moraine médiane, de sorte que l'on peut reconnaître le nombre d'affluents qu'a reçus le fleuve de glace d'après le nombre de traînées alignées à la surface parallèlement aux bords.

Les décombres reçus par la surface d'un glacier sont de toute nature et de tout volume. On en trouve formant des blocs de plusieurs milliers de mètres cubes, on en voit à l'état de menus cailloux. Considérons un de ces petits éclats, de couleur sombre et par conséquent apte à s'échauffer avec facilité sous les rayons du soleil. Sous ce chaud abri, la glace fondra en se creusant peu à peu d'un puits vertical plus ou moins profond où disparaîtra le corps-cause de l'accroissement de fusion. Des perforations pareilles peuvent être nombreuses, rapprochées; et alors la région du glacier où elles sont pratiquées rappelle un énorme crible. C'est ainsi qu'aux rayons du soleil, nous voyons une couche de neige ou une nappe de glace se trouer d'une cavité verticale sous chaque feuille morte ou autre objet sombre déposé à la surface.

Supposons, au contraire, que le bloc de pierre soit considérable. La chaleur solaire ne pourra le traverser et pénétrer jusqu'à la glace sous-jacente. Celle-ci, plus lente de fusion que la glace voisine où arrivent librement les rayons du soleil, dominera donc peu à peu le niveau général et finira par former une grossière colonne de cristal ayant pour chapiteau la dalle de pierre. Ce chapiteau déborde largement et de tous côtés son support, car les flancs de la colonne de glace, en contact avec l'air et visités par le soleil, graduellement se liquéfient ou s'évaporent.

L'ensemble prend donc avec le temps la forme d'un monstrueux champignon, dont le pied est un fût de glace, et le chapeau est un bloc de granit ayant parfois de vingt à vingt-cinq mètres carrés de superficie. On donne à ces curieux édifices le nom de *tables des glaciers*. Sur le flanc méridional, la fusion est plus rapide; la table ne peut donc conserver indéfiniment son équilibre : d'horizontale qu'elle était au début, elle devient peu à peu oblique, jusqu'à ce que, l'appui lui manquant, elle tombe. Privé de son abri, le pied de glace disparaît, mais sous le bloc tombé un autre se forme; de manière que le bloc de granit lentement chemine tour à tour hissé sur un haut piédestal ou bien gisant à la surface.

10. **Moraine frontale.** — A mesure que le glacier s'avance dans la vallée, les blocs des moraines s'avancent aussi, portés sur le dos des glaces, si volumineux qu'ils soient. Ils s'acheminent donc, avec une extrême lenteur il est vrai, vers l'escarpement terminal, et finissent par arriver tôt ou tard au bord du talus où la fusion met fin au glacier. Peu à peu l'appui leur manque, ils surplombent

et culbutent enfin au milieu des débris qui les ont précédés. Ainsi se forme, en avant de tout glacier, un entassement de rochers, souvent de quelques centaines de mètres de hauteur, un rempart qui ferme l'entrée de la vallée et prend le nom de *moraine frontale*. Pour alluvion, les fleuves de glace jettent à l'entrée des gorges leurs moraines frontales, où se rassemblent les ruines des montagnes. De ces mille débris, toujours renouvelés, l'action continuelle des eaux fait des galets, des graviers et des boues, que le torrent amène au fleuve et le fleuve à la mer.

11. Roches polies et sillonnées par les glaciers. — Comme les fleuves liquides, les glaciers rongent les vallées qui leur servent de lit. Un courant d'eau ramollit et entraîne les terres de ses rives; un courant de glace broie les roches les plus dures et les convertit en boue. Frotté contre une pierre, un tampon saupoudré de sable la polit, si le sable est fin; il la raie, si le sable est grossier. De même un glacier, dans sa marche, polit les roches qui l'encaissent ou les sillonne de profondes rainures. Ici le tampon est l'énorme masse des glaces, et les grains de sable, ce sont les fragments de roc arrachés par le courant ou éboulés des hauteurs voisines et précipités par les crevasses jusqu'au fond du glacier.

Tout cède à cette friction indomptable : sur la paroi du lit, la roche se laboure de longues ornières dirigées dans le sens du mouvement des glaces, et se creuse de cannelures d'une géométrique régularité. Après ces violents coups de burin, dont chacun grave un sillon, les blocs se brisent en grains de sable, qui produisent à leur tour des stries, de fines rayures. Enfin les sables se résolvent en boue, dont la douce friction efface les dernières aspérités et donne au tout le poli du marbre travaillé. Tout antique glacier, alors même qu'il n'existe plus depuis de longs siècles, se reconnaît donc à ses moraines, aux roches polies et régulièrement sillonnées de sa vallée.

12. Transport par les glaces flottantes. Blocs erratiques. — Si dans nos contrées les glaciers s'arrêtent, pour se résoudre en torrents, à une hauteur d'un millier de mètres au moins, sous le climat arctique, ils atteignent, sans se liquéfier, le niveau de la mer. Au Groënland, par exemple, les glaciers atteignent des dimensions prodigieuses; celui de Humboldt mesure jusqu'à 111 kilomètres de largeur à sa partie inférieure. Ces fleuves progressent lentement; ils marchent, mais ils ne coulent jamais; ils restent solides depuis leur source jusqu'à leur embouchure.

Au lieu de verser des eaux à la mer, ils y versent des montagnes de glace, des *Icebergs*. Le fleuve solide s'avance donc au milieu des flots, avec ses moraines, ses blocs de rocher recueillis en route; quelquefois, il surplombe, comme un promontoire sapé par la mer. Enfin, l'extrémité se détache, tombe et flotte.

D'autre part, lorsque les mers polaires se congèlent, toutes les sinuosités du rivage sont cernées par un banc de glace d'une grande épaisseur. Au moment de la débâcle, chaque fragment d'une étendue un peu considérable arrache et emporte avec lui des rochers qui se trouvent pris dans sa masse.

Tôt ou tard ces icebergs, ces énormes glaçons flottants, qu'ils proviennent de l'extrémité écroulée d'un glacier ou de la nappe glacée des mers, arrivent, entraînés par les courants marins, dans des eaux plus chaudes, où ils se fondent et laissent choir au fond de la mer leur cargaison de pierres.

Ainsi peuvent être transportés, à des distances très considérables, des blocs volumineux, inébranlables par l'action seule des eaux liquides et connus sous le nom de *blocs erratiques*.

CHAPITRE III

SOURCES THERMALES

1. Température des caves et des puits. — Les variations de température dues à l'inégale distribution de la chaleur solaire, suivant l'état de l'atmosphère et suivant la saison, ne se font ressentir qu'à la surface du sol. A une médiocre profondeur, le thermomètre accuse une même température, en hiver comme en été. Une cave un peu profonde, un puits, suffisent pour démontrer ce fait remarquable. Le thermomètre qui, depuis plus d'un siècle, est placé dans les caves de l'Observatoire de Paris, s'est toujours maintenu stationnaire à $10°,8$. On évalue à une vingtaine de mètres la profondeur où la périodicité des saisons ne se fait plus sentir, où les chaleurs de l'été et les froids de l'hiver ne produisent plus d'effet. Quant à la température constante trouvée à cette profondeur, elle est égale à la température moyenne de la localité.

2. Température des mines. — En descendant plus profondément dans le sein de la terre, on reconnaît qu'à partir de la couche à température moyenne, la chaleur augmente avec plus ou moins de rapidité. La loi est générale ; elle se vérifie à toutes les latitudes et sous tous les climats. Ce qui varie, c'est l'épaisseur de la couche à traverser pour trouver un degré thermométrique en plus. La nature du sol, différente suivant les lieux, est cause de ces variations. Citons quelques exemples dans l'innombrable série des observations de ce genre.

Un thermomètre placé à 421 mètres de profondeur dans la mine de Dolcoath (Cornouailles) et fréquemment observé pendant dix-huit mois consécutifs, s'est maintenu stationnaire à 24°,2, la température des couches supérieures étant de 10°. Si l'on retranche cette dernière température de la première, et que l'on compare le reste à la profondeur, on trouve l'accroissement d'un degré thermométrique pour 30 mètres de profondeur en plus.

Dans un puits houiller creusé à Newcastle, la température, à 483 mètres de profondeur, s'est trouvée dépasser de 14° celle des couches superficielles. Ici l'augmentation en chaleur est de 1° pour 34 mètres. D'autre part, l'accroissement moyen déduit des observations faites dans les mines de houille du Northumberland est de 1° pour 24 mètres.

L'excavation la plus profonde que les mineurs aient jamais pratiquée se trouve à Kuttemberg, en Bohême. Elle est aujourd'hui inaccessible. A l'extrémité des galeries les plus reculées, atteignant 1151 mètres de profondeur, le thermomètre indiquait une température perpétuelle d'une quarantaine de degrés.

Dans le puits de recherche de Monte-Massi, en Toscane la température est plus élevée encore, bien que la profondeur soit moindre. Avant l'éboulement du puits, le thermomètre descendu à 370 mètres marquait 42°.

De ces exemples, qu'on pourrait multiplier indéfiniment sans trouver une exception, résulte un fait capital : le sein de la terre possède une chaleur propre qui croît avec la profondeur.

3. **Température des puits artésiens.** — Un puits artésien est un trou cylindre qu'à l'aide d'une sonde, composée de barres de fer ajustées bout à bout, on pratique à travers les diverses couches du sol jusqu'à la rencontre de quelque nappe d'eau souterraine, alimentée par les infiltrations des eaux pluviales, ou bien des eaux des fleuves et des lacs voisins. Pour reprendre le niveau de son point de départ, le liquide plus ou moins profondément descendu s'élève par la voie qui lui est ouverte, et jaillit même à une certaine hauteur lorsque le niveau de sortie est plus bas que le niveau d'entrée dans les couches du sol. Or l'eau qui remonte des couches profondes, à la suite d'un pareil

forage, arrive à la surface avec la température des régions souterraines qu'elle quitte, et peut ainsi nous renseigner sur la distribution de la chaleur dans les entrailles de la terre.

Le puits artésien de Grenelle, à Paris, descend à 547 mètres de profondeur, et l'eau qui en jaillit a constamment 28°. L'eau des puits ordinaires n'a que 10°, température moyenne de la localité. C'est donc un accroissement de 18° pour 547 mètres, ou de 1° pour 30 mètres. Le puits artésien de Passy, creusé à près d'une lieue de celui de Grenelle et à 586 mètres de profondeur, fournit également de l'eau à 28°.

Les eaux du puits artésien de New-Salswerck, en Westphalie, s'élèvent d'une profondeur de 622 mètres; leur température est de 31°,25. Celles du puits de Mondorf, dans le Luxembourg, proviennent de plus bas encore, de 700 mètres; leur température est de 35°. C'est toujours à peu près une augmentation de 1° thermométrique pour une trentaine de mètres de profondeur.

Dans d'autres localités, la température des eaux souterraines s'élève plus rapidement. Ainsi, à 385 mètres de profondeur, les eaux du puits artésien de Neuffen, dans le Wurtemberg, ont une température de 39°. Ici l'accroissement en température est de 1° pour 10 mètres environ.

Le témoignage des puits artésiens est donc unanime comme celui des mines : la chaleur s'accroît avec la profondeur, et quelques anomalies dues à des influences locales mises à part, pour une trentaine de mètres que la sonde traverse, le thermomètre accuse un degré de plus.

4. Sources thermales. — En admettant, comme l'ensemble des observations autorise à le faire, que la température souterraine augmente avec la profondeur à raison de 1° pour une trentaine de mètres, on arrive à cette conclusion qu'à 3 kilomètres au-dessous du sol, la chaleur doit atteindre 100°, température de l'eau bouillante. Or rien ne s'oppose à ce que des eaux remontent de cette profondeur et même de profondeurs plus grandes. D'ailleurs, sans descendre aussi bas, les eaux peuvent acquérir une température élévée. Nous trouvons là l'explication des sources chaudes ou *sources thermales*. Concevons une nappe d'eau qui circule sous terre, à une certaine profondeur, puis revienne à la surface à travers les fissures du terrain. Elle prendra la température des couches sillonnées. Les sources qui en proviendront n'auront pas précisément cette température, car il y a évidemment perte de chaleur sur le trajet, toutefois elles seront chaudes et d'autant plus qu'elles arriveront de plus bas.

Les sources thermales sont abondamment répandues sur toute la surface de la terre et principalement dans les régions volcaniques. Les plus célèbres en France sont celles de Chaudes-Aigues, dans le Cantal. Leur température est d'environ 80°. Le village a pris le nom de son ruisseau d'eau chaude, que les habitants utilisent pour préparer leurs aliments, nettoyer leur linge et chauffer leurs demeures. Des conduites de bois, plus favorables que des tuyaux en terre à la conservation de la chaleur, sont disposées dans le sol le long de toutes les rues et vont, d'une habitation à l'autre, distribuer l'eau chaude dans de petits réservoirs servant de calorifères pendant la saison rigoureuse. Les rues même ont part au gain de température : sur leur sol attiédi par les canaux de distribution, la neige fond à mesure qu'elle tombe, sans pouvoir s'amasser en couche malgré de fréquentes averses. On estime que la chaleur journellement fournie par les sources de Chaudes-Aigues représente ce que donnerait la combustion de 4500 kilogrammes de houille. Quand revient la belle saison, l'eau chaude est détournée des conduits de distribution et rendue à son ruisseau fumant.

5. **Geysers**. — La plus grande fréquence des sources thermales s'observe dans les régions volcaniques ; il n'est pas de volcan, soit en activité soit éteint depuis de longs siècles, qui ne possède sur ses flancs des sources chaudes, tantôt continues, tantôt jaillissant par intermittences. Au nombre de ces dernières sont les célèbres sources d'Islande, nommées dans le pays *Geysers*, qui veut dire furieux. Non

loin de l'Hécla, on en compte une centaine dans une étendue de deux tiers de lieue de rayon.

La plus puissante, ou le *Grand-Geyser*, jaillit d'un

Fig. 6. — Geysers (Islande).

bassin d'une vingtaine de mètres de diamètre situé au
sommet d'un monticule qu'ont formé les incrustations de
silice, blanches et polies comme marbre, continuellement
déposées par les eaux. L'intérieur de ce bassin se rétrécit

en entonnoir et se termine par des canaux tortueux, plongeant à des profondeurs inconnues.

Chaque éruption de ce volcan d'eau bouillante s'annonce par un frémissement du sol, et par des bruits sourds pareils aux détonations lointaines de quelque artillerie souterraine. Les détonations deviennent de moment en moment plus fortes; la terre tremble, et du fond du cratère l'eau monte en tumulte et remplit le bassin, où pendant quelques instants tout se passe comme dans une chaudière chauffée par quelque brasier invisible. A la surface, l'eau atteint 80 et 90 degrés; mais la température croît rapidement dans les couches inférieures, et à la profondeur de 32 mètres, elle est déjà de 125°. Au milieu d'un tourbillon de vapeurs, l'eau de la vasque se soulève en masses écumeuses. Puis soudain une forte explosion éclate, et une colonne d'eau, large de 6 mètres, surgit et s'élance avec la rapidité d'une flèche jusqu'à la hauteur de 40 et de 60 mètres, d'où elle retombe en averse brûlante après s'être épanouie en une gerbe que couronnent de blanches fumées. Ce jaillissement formidable ne dure que quelques instants. Bientôt la gerbe liquide s'affaisse; l'eau se retire du bassin et recule dans les profondeurs de l'entonnoir; une colonne de vapeur la remplace, furieuse, rugissante, qui s'élance avec le bruit du tonnerre et rejette les pierres tombées dans le gouffre, ou les broie en menus fragments. Tout le voisinage disparaît, noyé dans ses tourbillons. Enfin le calme renaît, et le regard qui plonge dans l'entonnoir n'aperçoit qu'une eau tranquille et bleue dont le repos et le silence font le plus étrange contraste avec ce qui vient de se passer. C'est de loin en loin, à une trentaine d'heures d'intervalle à peu près, que se fait le fort jaillissement, précédé de quelques éruptions de bien moindre valeur.

La cause qui fait jaillir par intermittences les eaux du Geyser est incontestablement la tension des vapeurs. Sous la pression normale, celle d'une atmosphère, l'eau se vaporise et bout à la température de 100°; mais sous une pression croissante, le point d'ébullition peut être indéfiniment retardé, et les vapeurs acquérir ainsi une puissance illimitée. C'est ce que nous démontre l'expérience classique de l'eau chauffée en vase clos, ou l'expérience de la marmite de Papin. Les couloirs du Geyser, il est vrai, ne sont pas un vase clos; un passage est ouvert pour l'issue du liquide et de ses vapeurs. Une autre cause intervient donc pour faire dépasser à l'eau le point ordinaire de l'ébullition : c'est la pression que le liquide exerce sur lui-même, renfermé qu'il est dans des canaux à grande profondeur.

Pour chaque dix mètres, la colonne d'eau éprouve un accroissement de pression d'une atmosphère, ce qui permet aux couches profondes d'acquérir une température bien supérieure à celle que ne pourrait dépasser le liquide sous une mince épaisseur. C'est ainsi qu'à 32 mètres, l'observation constate déjà une température de 125°. On ignore à quelle profondeur descendent les eaux du Geyser; néanmoins, en les supposant en rapport avec quelque foyer de chaleur, avec les laves incandescentes du volcan, on voit que ces eaux, sans descendre bien bas, peuvent acquérir une température très élevée et donner naissance à des vapeurs d'une puissance indomptable. La physique nous enseigne qu'une colonne d'eau haute de 160 mètres peut s'échauffer à la base jusqu'à 200°, température à laquelle la tension des vapeurs est de 16 atmosphères. Que sera-ce donc pour le liquide remplissant un canal qui descend peut-être à des kilomètres de profondeur !

Supposons donc les eaux souterraines du Geyser au voisinage plus ou moins rapproché des matériaux incandescents de l'Hécla. A cause de la haute colonne liquide qui les surmonte, ces eaux peuvent emmagasiner de la chaleur dans des proportions énormes, et cela indéfiniment jusqu'à ce que la tension des vapeurs soit suffisante pour surmonter les obstacles, si résistants qu'ils soient. Ce point atteint, les vapeurs se précipitent et l'éruption du Geyser a lieu. En arrivant à la surface, vapeurs et liquide n'ont plus que la température correspondant à la pression actuelle; les déperditions en route et surtout la détente les ont amenés à cette limite. Enfin, lorsque l'excès de chaleur s'est dissipé au moyen des torrents de vapeur vomis dans l'atmosphère et des masses d'eau bouillante rejetées hors du bassin, un calme se fait pendant lequel la température de nouveau s'accroît dans les couches profondes et prépare la suivante éruption.

L'expérimentation de laboratoire confirme la théorie. Imaginons un canal métallique, assez long, ouvert à sa partie supérieure et couronné par un petit bassin. Le tout est plein d'eau. Voilà le Geyser avec sa vasque de silice. Chauffons l'eau, tout au fond du tube. Sous la pression de la colonne qui la surmonte, elle s'échauffera de manière à fournir par intervalles de quelques minutes de brusques dégagements de vapeurs qui soulèveront en un jet le liquide du bassin. Tout porte donc à croire que le voisinage des foyers de lave est en cause dans les sources chaudes et périodiquement jaillissantes de l'Islande.

A la Nouvelle-Zélande, vers le centre de l'île septentrionale, les sources chaudes, les Geysers jaillissants se comptent par milliers. En un seul district de moins d'une lieue carrée, le nombre des sources d'eau chaude ou de vapeurs est d'environ 500. Sur les flancs des montagnes, les jets de vapeur brûlante sont tellement abondants, que le sol converti en bouillie ruisselle en cascades et s'étale dans la plaine voisine en longues coulées de boue. Des lacs assez considérables, sur une étendue de quelques kilomètres, bouillonnent et fument comme chauffés par un brasier souterrain. De nombreux Geysers, de puissance diverse, y alternent par groupes leurs éruptions, de manière à modifier à chaque instant l'aspect de l'ensemble. Le plus important est le Tetarata dont le bassin de silice, mesurant 75 mètres de tour, est entouré d'un haut rempart d'argile rouge. Cette vasque, d'un blanc de neige, est remplie jusqu'au bord d'une eau limpide, admirablement bleue, qui, sous l'influence de l'ébullition, jaillit continuellement à plusieurs pieds de hauteur au centre de la nappe. D'énormes nuages de vapeurs tournoient au-dessus. Au milieu de la cuvette, la température avoisine 100°; sur les bords, elle n'est plus que de 84°. Parfois, disent les indigènes, tout le contenu du bassin brusquement se soulève en une gigantesque colonne, et le gouffre se vide jusqu'à 10 mètres de profondeur.

Dans les montagnes Rocheuses, vers les sources du Missouri, l'Amérique du Nord possède une région où les sources thermales abondent presque autant qu'à la Nouvelle-Zélande. Les bassins circulaires d'eau chaude d'où s'épanchent des ruisseaux, les fondrières de boue tiède, les jets de vapeurs sifflantes, les vasques de silice à éruptions intermittentes, sont répartis de tous côtés à profusion et lassent le dénombrement. L'un de ces Geysers lance, toutes les vingt-quatre heures, une colonne d'eau bouillante large de 2 mètres et haute 70 mètres. Un autre est actif d'heure en heure, sans tonnerres souterrains et soulève son jet à la même élévation. Enfin quelques fusées liquides vont plus haut encore et atteignent 75 mètres.

6. **Dépôts des sources.** — Presque toutes les eaux renferment en dissolution certaines matières minérales dont elles se sont chargées en lavant le sol. La plus fréquente et la plus importante aussi de ces matières est le calcaire ou le carbonate de chaux, dont la dissolution se fait à la faveur de l'acide carbonique. Les eaux pluviales, par exemple, en traversant l'atmosphère, où l'acide carbonique se trouve toujours dans la proportion de 1 litre sur 2000 litres d'air, s'imprègnent de ce gaz et sont désormais propres à dissoudre le carbonate de chaux des terrains calcaires où elles circulent. D'autre part, en ruisselant dans les profondeurs du sol, certaines eaux se chargent abondamment de gaz carbonique, que leur fournissent les réactions chimiques des entrailles de la terre, et acquièrent ainsi un énergique pouvoir dissolvant.

On reconnaît les eaux riches en carbonate au dépôt minéral qu'elles laissent sur le flanc des vases où elles séjournent longtemps, à la croûte pierreuse qui finit par obstruer leurs tuyaux de conduite. En perdant son gaz carbonique par une longue exposition à l'air, l'eau perd aussi son pouvoir dissolvant et dépose alors le sel de chaux en *incrustation.*

C'est de pareille manière que les eaux dites *incrustantes* couvrent les objets qu'elles lavent d'un enduit calcaire, mis à profit dans certains cas. Telles sont les eaux de Saint-Allyre, à Clermont-Ferrand. Très riches en carbonate de chaux, à cause de la forte proportion de gaz carbonique qu'elles renferment, ces eaux sont divisées en gouttelettes en traversant des tas de branchages. La fine pluie qui en résulte tombe sur les objets que l'on veut revêtir d'une couche de pierre, nids d'oiseaux, par exemple, corbeilles de fruits et bouquets de feuillage. L'acide carbonique se dissipe, et le calcaire se dépose, avec une délicate régularité, sur ces divers objets, qu'il recouvre d'un enduit pierreux, proportionné en épaisseur à la durée de l'exposition dans cette rosée minéralisante.

Le nid, la corbeille de fruits, le bouquet, deviennent de pierre, ou, plus exactement, sont revêtus d'une couche de pierre. Ce n'est pas ici, en effet, une véritable pétrification, c'est-à-dire une substitution de la matière minérale à la matière de l'objet; c'est uniquement un fourneau calcaire qui recouvre l'objet exposé à l'action de l'eau. Si l'on casse le nid, la corbeille, le bouquet minéralisés, on retrouve, sous l'enveloppe calcaire, l'objet primitif sans autres altérations que celles qui résultent du temps.

Dans certaines grottes, l'eau riche en calcaire arrive goutte à goutte et suinte à travers le plafond. Le gaz carbonique se dégage; et les gouttes d'eau, se succédant avec lenteur en des points déterminés, y laissent peu à peu un dépôt de carbonate en forme de mamelon conique dont la pointe est en bas. Là où les gouttes atteignent le sol de la grotte, un autre dépôt conique se forme la pointe en haut. Le premier, celui du plafond, prend le nom de *stalactite;* le second, celui du sol, le nom *stalagmite.*

Tôt ou tard, les deux dépôts, dont les pointes se rapprochent toujours, se rejoignent, se soudent l'un à l'autre et constituent une colonne irrégulière. Ainsi se forment, dans les obscures profondeurs de certaines grottes, des colonnades bizarres de calcaire cristallin; des pendeloques, aux formes étranges, qui descendent du plafond; des amas en cônes, en choux-fleurs, en dentelures, qui hérissent le plancher; des nappes onduleuses, qui semblent sculptées dans un marbre translucide et tapissent les parois de draperies minérales. A la clarté des flambeaux, le spectacle en est merveilleux.

Les grottes les plus célèbres, sous ce raport, sont celles

Fig. 7. — Grotte d'Antiparos.

d'Antiparos, dans l'île de même nom faisant partie de l'Archipel; celle dite du Mammouth, dans le Kentucky, États-Unis de l'Amérique du Nord. Cette dernière est la plus vaste du monde. Elle mesure 15 kilomètres en longueur et ne compte pas moins de 223 galeries constituant un immense labyrinthe.

Enfin les eaux riches en calcaire, en minéralisant les

mousses et les débris de feuillage qu'elles baignent, en cimentant entre elles des parcelles de toute nature, ou bien déposant leur carbonate de chaux en couche continue, peuvent donner naissance à des bancs plus ou moins puissants d'une roche nommée *tuf calcaire*. De pareils dépôts sont très répandus, remontant aux anciens âges ou même continuant à se former de nos jours. Bornons-nous à citer les tufs de la Limagne, en Auvergne ; et les tufs ou *travertins* de Tivoli, dans la campagne romaine. Les eaux de San-Filippo, non loin de Rome, ont , dans l'intervalle de vingt années, remplacé un étang par une assise de travertin épaisse de 9 mètres. Le dépôt calcaire est donc à peu près d'un demi-mètre par an. Dans le voisinage se trouvent des couches de la même roche dont la puissance dépasse 100 mètres. C'est dans le travertin que l'antique Rome a puisé la majeure partie des matériaux de ses édifices.

Les eaux de la Seine contiennent, par litre, de 0^{gr},24 à 0^{gr},30 de matières minérales dissoutes. Pour le Rhône, la proportion est de 0^{gr},18 par litre ; pour la Loire et la Garonne, de 0^{gr},13. La moyenne est de 0^{gr},2. Ainsi les eaux de ces fleuves, dans leur état le plus limpide, abstraction faite des parcelles limoneuses en suspension, roulent avec elles, à l'état invisible, à l'état dissous, une quantité de matières minérales qui représente la cinq millième partie de leur poids. Il suffit donc d'une période de cinq mille ans pour que ces fleuves apportent à la mer, non compris les sédiments sablonneux ou limoneux, une masse de matière pierreuse équivalant à la masse des eaux qu'ils y déversent annuellement. Ainsi toutes les eaux, à des degrés divers, et par le seul fait de leur action dissolvante, exercent sur la terre une incessante corrosion. Par les eaux de la surface, les inégalités du sol sont amoindries, effacées ; par les eaux souterraines, transportant sans discontinuer de l'intérieur à l'extérieur, les couches profondes sont fouillées, excavées, privées d'appui.

7. Dépôts des sources thermales. — Le pouvoir dissolvant de l'eau augmente avec la température ; aussi les sources thermales contiennent-elles des matières étrangères en plus forte proportion que ne le font les sources froides, et de plus elles se chargent de substances minérales qui ne seraient pas solubles à la température ordinaire. Les composés qui dominent dans les eaux thermales sont : le carbonate de chaux, l'acide silicique, l'oxyde de fer hydraté, le sulfate de chaux, le sulfate de magnésie, le chlorure de sodium. Les trois premiers, bien moins solubles que les autres, se déposent surtout au point d'issue, où ils forment des amas puissants.

Ainsi le grand Geyser de l'Islande, par le dépôt continuel de la silice dissoute dans ses eaux, a dressé autour de son embouchure un cône de tuf siliceux et d'opale, dont l'élévation atteint une douzaine de mètres, et dont la base mesure 70 mètres de largeur. C'est au sommet de ce cône tronqué que s'ouvre la cuvette, le cratère en entonnoir d'où jaillit l'eau bouillante. D'autres vasques de silice, anciennes bouches d'éruption aujourd'hui inactives, sont disséminées en grand nombre dans tout le voisinage.

Le Tetarata de la Nouvelle-Zélande est plus remarquable encore. Les flancs de la colline au sommet de laquelle s'ouvre le soupirail thermal sont divisés en une longue série de terrasses d'où l'eau ruisselle en petites cascades. Par le dépôt de la silice, chaque gradin est devenu un récipient d'opale, avec margelle d'où pendent des stalactites de la même matière. L'ensemble des cuvettes étagées ressemble à une cataracte qui se serait solidifiée en un marbre blanc et poli.

.8. **Origine des filons métallifères.** — On appelle *filon* un amas de matière minérale contenu dans les fissures des couches terrestres; si l'amas est peu considérable, il prend le nom de *veine*. La matière en est tantôt une roche différente de celle qui l'encaisse, tantôt un métal, libre ou combiné avec d'autres substances. Dans ce dernier cas, il constitue un *filon métallifère*, que les mineurs exploitent pour en retirer ici du cuivre, du plomb, de l'argent, de l'or, là du fer, de l'étain, du zinc ou tout autre métal.

Pareil amas présente des caractères aptes à nous renseigner sur son origine. Il diminue d'épaisseur en se rapprochant de la surface ; il s'amincit dans le haut et se termine en coin. Des ramifications en partent, plus étroites, s'effilant elles aussi, pénétrant dans les moindres fissures et traversant sous des incidences plus ou moins obliques la roche environnante. Cette disposition fait immédiatement naître dans l'esprit l'idée de fentes ramifiées qui se seraient remplies de matériaux métallifères par une injection dirigée de bas en haut. Les métaux des filons ne viennent pas de la surface, ils viennent de l'intérieur.

Un principe très élémentaire de la physique nous enseigne que les liquides se superposent d'après l'ordre de leur densité. Or le premier regard jeté sur l'ensemble de la terre démontre que ce principe a présidé à la structure de notre globe. L'enveloppe aérienne, l'atmosphère occupe l'extérieur de la planète ; l'enveloppe des océans vient après et couvre la majeure partie de la surface du globe ; enfin le sol plus lourd, sert de lit aux océans. Les matériaux terrestres se trouvent ainsi disposés d'après l'ordre de leur densité, les plus lourds au fond ; car, au point de vue de la pesanteur, le point le plus bas est au centre de la sphère ; les points les plus élevés sont à la surface et dans l'étendue au delà.

Il y a plus : des considérations basées sur les oscillations du pendule ont permis de déterminer la densité moyenne de la terre, qui s'est trouvée égale à 5,5 c'est-à-dire que si tous les matériaux de notre planète étaient mélangés d'une manière parfaitement homogène, chaque décimètre cube de ce mélange pèserait 5 kilogrammes et demi. Mais l'eau ne pèse que un kilogramme par décimètre cube ; le calcaire, le marbre, le granit, les terres diverses et l'immense majorité des substances de la superficie du globe, que de 2 à 3 kilogrammes. Il faut donc que les substances terrestres situées profondément gagnent en densité, sinon le poids moyen de 5 kilogrammes et demi ne pourrait être atteint.

Ainsi la loi des densités se maintient dans la profondeur de la terre, le poids des substances croît à mesure qu'elles sont situées plus bas ou plus près du centre. Sans doute, la loi n'est pas d'une régularité parfaite ; les couches concentriques du globe ne possèdent pas une densité fixe, déterminée par la distance au centre ; il y a, dans le sein de la terre comme à la surface, des mélanges hétérogènes de matériaux plus lourds avec d'autres plus légers ; mais, dans une vue d'ensemble, l'accroissement en densité des couches plus profondes est incontestable. Pareil groupement ne peut se rapporter à une autre cause que la fluidité générale et primitive de notre globe, fluidité ignée dont l'accroissement de la température avec la profondeur est encore aujourd'hui un témoignage.

Les substances les plus lourdes sont les métaux. La densité croissante annonce donc qu'à l'intérieur de la terre, à une grande profondeur, les matériaux dominants, peut-être exclusifs, sont des métaux. Comment ces matériaux sont-ils remontés dans les couches superficielles pour y former les filons métallifères ? Il est très probable que l'eau n'est pas étrangère à cette formation. A la profondeur d'une douzaine de kilomètres, et par le seul fait de la température croissant de 1° pour 30 mètres environ, l'eau, tout en se conservant liquide sous son énorme pression, peut atteindre la température de 400°. Dans ces conditions, ou d'autres plus puissantes encore, il est possible que l'eau s'imprègne de particules métalliques que ses vapeurs déposeront en cristaux dans les fissures des roches traversées. Ainsi les filons métallifères sont les fentes où les vapeurs thermales ont amassé, en des points plus ou moins rapprochés de la surface, les substances métalliques dont elles s'étaient chargées dans les profondeurs de la terre. Le métal, or, cuivre, argent, n'importe, se dépose le premier sur le trajet quand la température n'est plus suffisante ; la vapeur continue à s'élever, devient liquide et sort enfin du sol à l'état de source thermale, ne renfermant plus en dissolution que des matières salines, de la silice, des gaz.

3.

CHAPITRE IV

VOLCANS

1. Nombre et répartition des volcans. — Le nombre des volcans en activité de nos jours est difficile à évaluer, parce que des bouches volcaniques, qui paraissaient pour toujours en repos, fréquemment réveillent leurs feux et recommencent leurs éruptions. En portant ce nombre à près de quatre cents, on est plutôt au-dessous qu'au-dessus de la réalité.

La grande majorité est répartie sur les rives de l'Océan Pacifique, autour duquel elle forme comme un cercle de feu. Suivons sur la mappemonde, à partir du Kamkchatka, le cordon d'îles qui longe le rivage oriental de l'Asie. Sur tout le trajet est une longue série de bouches volcaniques. Ce sont les volcans du Kamkchatka, des Kouriles, du Japon, des Philippines, de Bornéo, de Sumatra, de Java et autres îles de la Sonde. Cette série se continue par les volcans de la Nouvelle-Guinée, des îles Salomon, des îles Tonga, de la Nouvelle-Zélande. Sur la rive orientale du Pacifique, le circuit volcanique se complète par les nombreux volcans de la Cordillère des Andes, du Mexique, de la Sierra-Nevada, de la Colombie anglaise, du territoire d'Alaska, et enfin des îles Aléoutiennes. A l'intérieur de ce cercle de feu, sont les volcans des îles Sandwich, des Mariannes, des îles Gallopagos.

L'Europe a pour volcans actifs le Vésuve (1190ᵐ), près de Naples; l'Etna (3315ᵐ), en Sicile; le Stromboli, dans le petit archipel de Lipari, au nord de la Sicile; l'Hécla (1690ᵐ), et le Scapta-Jockül, en Islande. De ce relevé, il résulte que les bouches volcaniques se dressent, pour la majeure partie, au voisinage des mers.

2. **Éruption volcanique.** — L'état de crise violente qui se déclare de loin en loin, à des périodes irrégulières, et pendant lequel le volcan rejette des fumées et des matières incandescentes, se nomme éruption. Comme exemple des faits les plus remarquables qui se passent alors, choisissons de préférence le Vésuve, l'un des volcans les mieux observés.

L'approche d'une éruption est en général annoncée par une colonne de fumée qui remplit l'orifice du cratère et s'élève verticalement, lorsque l'air est calme, jusqu'à trois fois la hauteur de la montagne. A cette élévation, elle s'étale en une couche horizontale, interceptant les rayons du soleil. Quelques jours avant l'éruption, la colonne s'épaissit et s'affaisse sur le volcan, qu'elle couvre d'un gros nuage noir.

Mais alors la terre commence à trembler autour du Vésuve ; de sourdes détonations grondent sous le sol, et, de moment en moment plus fortes, dépassent bientôt, en intensité, les plus violents coups de tonnerre. Puis une gerbe de feu jaillit du cratère, jusqu'à 2 000 et 3 000 mètres d'élévation. Des milliers d'étincelles s'élancent jusqu'au sommet de la gerbe flamboyante, décrivent de grands arcs de cercle en laissant sur le trajet des traînées éblouissantes et retombent en pluie de feu sur les flancs du volcan. Ces étincelles sont des blocs incandescents, parfois de quelques mètres de dimension ; on en cite dont le poids a été évalué à une soixantaine de tonnes métriques. Pendant des semaines, des mois entiers, ces blocs rougis sont lancés par le Vésuve.

Cependant de la base de la montagne, sans doute même de quelques lieues plus bas, monte, par la cheminée volcanique, un flux de matières minérales fondues, une colonne de *laves*, qui s'épanchent dans le cratère et forment un éblouissant lac de feu. Le spectateur qui, de la plaine, suit avec anxiété la marche de l'éruption, est averti de l'arrivée des laves par les pénétrantes réverbérations qu'elles jettent sur les fumées planant au-dessus du Vésuve.

Soudain le sol se fend, s'étoile avec un bruit de tonnerre, et par les crevasses ouvertes sur les flancs de la montagne, plus rarement par-dessus les bords du cratère, des ruisseaux de lave s'épanchent. Le courant de feu, formé d'une matière éblouissante et pâteuse, comme un métal en fusion, se nomme *coulée*. L'émission de la lave a, tôt ou tard, un terme; alors les vapeurs souterraines, délivrées de l'énorme pression de la masse fluide, se dégagent avec plus de violence que jamais, entraînant avec elles des tourbillons de *cendres*, c'est-à-dire de fine poussière minérale, qui plane en sinistre nuée et s'abat sur les pays environnants, ou même est poussée par les vents jusqu'à des centaines de lieues de distance. Enfin la montagne s'apaise, et tout rentre dans le repos pour un temps indéterminé.

3. **L'Etna.** — Le plus puissant des volcans de l'Europe, l'Etna, dans l'intervalle des vingt derniers siècles, a désolé la Sicile d'au moins soixante-quinze éruptions, dont quelques-unes ont fourni des coulées de 20 kilomètres de longueur et ont recouvert de leurs flots de feu, sur des étendues de 100 kilomètres carrés, des espaces autrefois cultivés, parsemés d'habitations et de villages.

L'une des plus célèbres est celle de 1669. Dans la nuit du 10 mars, après de fortes oscillations du sol, les flancs de la montagne se fendirent dans une longueur de quatre lieues, et sur cette fente se dressèrent diverses bouches volcaniques, vomissant, au milieu du fracas d'effroyables détonations, des nuées de fumée noire et de sable calciné. Bientôt sept de ces bouches se réunirent en un gouffre d'un millier de mètres de circuit, qui, pendant quatre mois, ne cessa de tonner, de rugir et de rejeter des cendres et des laves. Le cratère terminal de l'Etna, d'abord parfaitement en repos comme si ses fournaises n'eussent aucun rapport avec celles des nouvelles bouches volcaniques, s'éveilla soudain quelques jours après, et lança à une prodigieuse hauteur une gerbe de matières incandescentes et de fumée ; puis la montagne entière s'ébranla, et toutes les crêtes qui dominaient son cratère s'écroulèrent dans les abîmes du volcan.

Cependant des torrents de lave s'épanchaient des bouches récentes. Sans cesse grossis par de nouvelles émissions, ils s'avançaient dans la plaine, engloutissant habitations, forêts, cultures. Déjà le feu liquide avait dévoré plusieurs villages, lorsque la lave arriva devant les murs de Catane et s'étendit dans la campagne. C'en était fait de la ville si, par la plus heureuse des circonstances, un autre courant, dont la direction croisait celle du premier, n'était venu heurter le fleuve de feu et le détourner de sa route. La coulée ainsi déviée se dirigea vers la mer. Ce fut alors, entre l'eau et le feu, une lutte formidable. La lave présentait un front perpendiculaire de 1500 mètres d'étendue et d'une douzaine de mètres d'élévation. Au contact de ce rempart embrasé, qui plongeait toujours plus avant dans les flots, d'énormes masses de vapeur s'élevaient avec d'horribles sifflements, obscurcissaient le ciel de leurs nuages et retombaient en pluie salée sur toute la contrée. En quelques jours la lave recula de 300 mètres les limites du rivage. Cette éruption, si tristement célèbre, couvrit cinq à six lieues carrées d'une couche de lave, épaisse en quelques points d'une trentaine de mètres, et détruisit les habitations de vingt-sept mille personnes.

Citons maintenant une éruption plus rapprochée de nous. Dès le mois de juillet 1863, la crise s'annonçait déjà : des mouvements convulsifs agitaient le volcan ; la réverbération des laves, bouillonnant dans le cratère terminal, rougissait l'atmosphère pendant la nuit. Sous la pression énorme de la colonne fluide soulevée, la paroi rongée, fondue à l'intérieur, finit par céder dans le point le plus faible, et à la fin de janvier 1865, une crevasse s'ouvrit sur une longueur de deux kilomètres et demi. Par cette fente, les laves se firent jour, mais pour quelque heures seulement, car les débris eurent bientôt obstrué le passage. Mais alors, sur le prolongement inférieur de la ligne de fracture, six cônes se dressèrent, s'accroissant de tous les débris que

leurs cratères vomissaient. Les bouches supérieures reje-
taient des cendres, des scories, des débris triturés, enfin
les matériaux volcaniques de moindre poids; les bouches
situées plus bas donnaient écoulement aux laves, plus
lourdes. Au milieu d'un indescriptible tumulte, rappelant
le bruit de scies, de sifflets, de marteaux retombant sur
une enclume, au milieu du fracas que dominait par intervalle le tonnerre souterrain des explosions, ces bouches
inférieures ne cessaient de rejeter des torrents de matières
fondues. De leurs cratères s'élevaient des tourbillons de
vapeurs, tordus en spirales, rougis par la réverbération
des laves, ou bien teints d'autres nuances par les traînées
des débris lancés. Au commencement de l'éruption, ces
débris étaient projetés jusqu'à 1800 mètres d'élévation.
La quantité de laves déversée par seconde était de 90 mètres
cubes, deux fois à peu près le volume de l'eau que roule la
Seine. Au voisinage des bouches, la vitesse du courant était
de 6 mètres par minute; plus bas, elle n'était que de
2 mètres à un demi-mètre, suivant la configuration du sol.
Le courant principal, dont la largeur atteignait jusqu'à
500 mètres avec une épaisseur moyenne de 15, plongeait
brusquement dans le fond d'un ravin et formait une mer-
veilleuse cataracte de feu. Plus loin, une forêt se présentait sur le passage des laves; cent trente mille arbres,
chênes, pins, châtaigniers, étaient emportés et flambaient
à la surface de la coulée.

4. **Forme des volcans.** — Lorsque la même cheminée
sert dans toutes les éruptions à l'issue des matières volcaniques solides, cendres et scories, ces matières, en re-
retombant d'une manière égale autour de l'orifice, forment,
par leur entassement, un talus circulaire régulier. Alors
le volcan a la forme d'un cône tronqué, qu'accroissent
en hauteur et en étendue les débris de chaque éruption.
A la régularité de l'extérieur s'ajoute la régularité de l'intérieur, lui-même façonné en une excavation conique,
appelée *cratère*, du nom que les anciens donnaient à
leurs coupes. Semblable conformation, avec double talus
d'éboulement, apparaîtrait dans toute masse qui, chassée

de bas en haut, d'un point central, serait assez mobile pour s'épancher régulièrement sur les pentes.

Mais fréquemment la cheminée d'ascension change. La première voie, s'obstruant, présente à l'éruption des difficultés trop grandes, et une autre s'ouvre à l'intérieur même du cratère ou à côté. L'édifice volcanique primitif

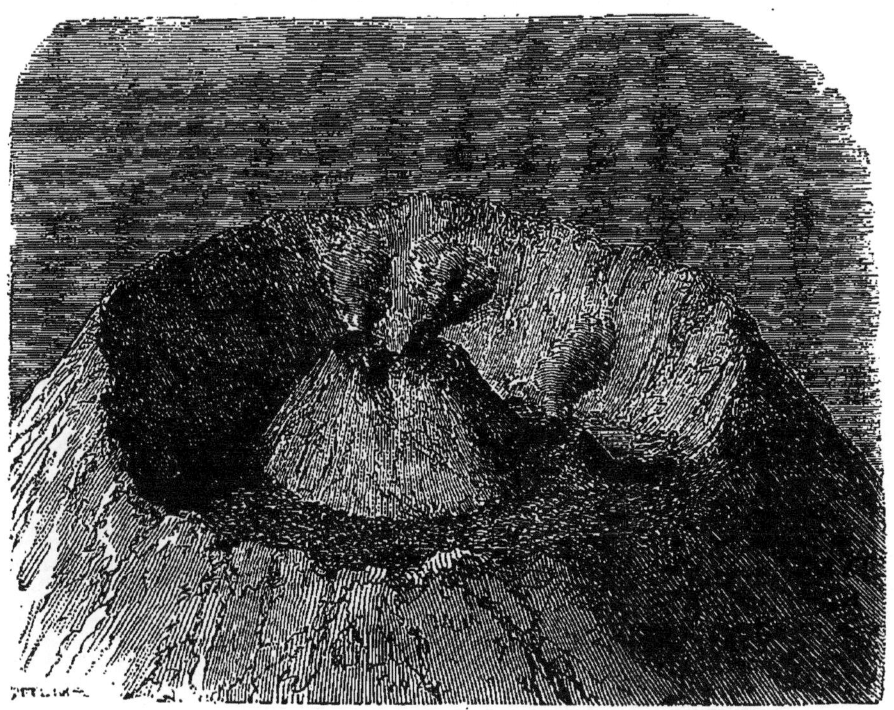

FIG. 8. — Cratère du Vésuve en 1843.

est ainsi agrandi en dimensions, mais ébréché, bouleversé. A mesure que, dans la suite des temps, de nouvelles bouches s'ouvrent, empiétant l'une sur l'autre et mêlant les débris de celles qui les ont précédées, la régulière coupe du début disparaît et le cratère devient un gouffre informe.

D'autres fois, la poussée des forces souterraines reste impuissante à soulever la colonne de laves jusqu'à l'orifice du sommet, et fait céder la paroi de résistance moindre.

Alors, sur les flancs du cône, tantôt plus haut, tantôt plus
bas, un déchirement se fait comme nous venons de le voir,
à deux reprises, au sujet de l'Etna ; et sur cette fissure,
autour des soupiraux les plus actifs, des monticules coniques excavés en entonnoir se forment par l'amoncellement
des matériaux rejetés. On les nomme *cratères adventifs*
ou *cratères latéraux*. Sur les pentes de l'Etna, pareils

FIG. 9. — Cratères adventifs sur les flancs de l'Etna.

cratères sont au nombre de plus de sept cents, les uns de
formation plus ou moins récente, les autres apparus en
des temps très reculés. C'est par la voie de ces cratères
adventifs que se fait l'épanchement des laves et non par le
cratère terminal, ouvert à plus de 3000 mètres d'élévation.

Dans l'antiquité, le Vésuve était une montagne paisible,
un volcan éteint dont les éruptions remontaient à des temps
antérieurs à l'histoire. Il ne se terminait pas, comme au-

jourd'hui, par un cône fumeux de scories, mais par un plateau légèrement concave, reste d'un antique cratère presque comblé, où végétaient de maigres gazons et des vignes sauvages. Autour du plateau, un rempart se dressait en escarpement circulaire. Des cultures d'une grande fertilité couvraient les flancs de la montagne; des villes populeuses, Herculanum, Stabies, Pompéi, florissaient à sa base. En l'an 79 de notre ère, le vieux volcan, qui paraissait pour toujours en repos, se réveilla soudain et précipita dans la mer la moitié de son cratère, engloutissant sous les cendres et les débris Stabies, Herculanum et Pompéi. Aujourd'hui le pic du mineur exhume des entrailles

Fig. 10. — Vue du Vésuve; — *a*, la Somma; — *b*, le Vésuve.

du sol les cités antiques telles que les surprit le volcan, il y a dix-huit siècles. Suivant toute apparence, alors se forma le cône qui s'est maintenu jusqu'à nos jours, modifié seulement dans sa hauteur et dans l'ampleur du cratère par les diverses éruptions. De nos temps, le volcan conserve encore la moitié de son cratère initial sous forme d'un escarpement en demi cercle nommé par les Italiens la *Somma*. Vers le centre de ce rempart se dresse le cône de cendres et de scories, qui seul porte le nom de *Vésuve*. Il est formé de débris mouvants, à pente très raide, et excavé en coupe conique au fond de laquelle bouillonne la lave en temps d'éruption.

5. **Coulée de laves.** — Pour donner une idée juste sur les courants de matières fondues issus des volcans, nous ne saurions mieux faire que de rapporter ici les observations d'un célèbre naturaliste italien, Spallanzani, relatives à une coulée de laves du Vésuve.

« La lave, dit-il, s'était frayé une issue, non pas au sommet du cratère, mais sur un des flancs de la montagne. Au point de départ de la coulée s'étaient ouverts plus de soixante soupiraux. Le sol d'alentour était coloré en jaune par du sel ammoniac, et tellement imprégné de chaleur, que l'on ne pouvait y tenir les pieds que pendant quelques secondes. A mon arrivée, le ruisseau de feu s'était figé à son origine et avait déjà acquis la solidité de la pierre ; mais cinquante pas au-dessous, il coulait encore. A la distance de cinq pieds, la chaleur était intolérable. La superficie du courant avait la couleur de la braise, sans la moindre apparence de flamme ; je ne saurais mieux la comparer qu'à celle du bronze en fusion dans une fournaise. Elle se couvrait çà et là d'une écume incandescente, et se boursouflait de tumeurs qui, un moment après, crevaient avec bruit. Quelquefois elles lançaient de petits jets, de petites fusées qui, en retombant, reprenaient le niveau général..

Je fus curieux de laisser tomber sur le courant de lave quelque corps pesant. Je lançai donc sur la coulée les seules pierres que j'avais à ma portée, c'est-à-dire des blocs de lave solidifiée. Ces blocs, dans leur chute, rendaient un son sourd, comme s'ils eussent frappé une terre molle. Ils s'enfonçaient en partie dans la matière fondue, puis étaient emportés par le courant. En mesurant l'espace qu'ils parcouraient, j'avais la vitesse de la coulée. Je trouvai ainsi que, dans une minute, la lave parcourait un espace de 20 pieds seulement (7 mètres environ) ; il est vrai que l'inclinaison de son lit n'était pas fort rapide.

Plus bas, la lave s'était répandue sur un espace considérable et subdivisée en une multitude de petits ruisseaux, dont la superficie était figée et possédait la solidité de la pierre. De là résultaient des canaux irréguliers, les uns vides, d'autres à moitié remplis, d'autres en entier pleins. Il ne fallait pas beaucoup d'attention pour reconnaître que, sous ce fourreau de matières solides, il y en avait de liquides : l'oreille en avertissait par un murmure venu de dessous la croûte figée.

Ces divers petits ruisseaux, enveloppés de leur étui. solide, finissaient par se réunir en un seul courant de lave qui coulait à découvert. Le fleuve de feu sortait d'une grotte profonde, formée de la même matière consolidée. Sa couleur était moins vive que près de l'origine; sa superficie se gonflait de tumeurs qui naissaient et disparaissaient à chaque instant. La chaleur était insupportable. quand le vent soufflait de mon côté. Sur une pente de 45 degrés, le courant parcourait un espace de 18 pieds (6 mètres) par minute. Quelques pas plus bas, la coulée avait perdu ses tumeurs, mais elle charriait à la surface de grosses plaques d'un rouge pâle, qui, se froissant les unes contre les autres, rendaient un bruit confus. C'était un fait en tout semblable à celui des rivières qui, pendant l'hiver, charrient des glaçons. La couche supérieure, refroidie et figée au contact de l'air, éprouvait dans ses parties un retrait inégal et se divisait ainsi en tablettes entraînées par la lave encore liquide.

Plus loin, le torrent restait enseveli, non seulement sous des plaques, mais encore sous une multitude de débris informes ou de scories. En un point, le sol coupé à pic sur une hauteur d'une douzaine de pieds donnait lieu à une cataracte. Le torrent s'y précipitait avec fracas en une nappe rouge, et de là continuait sa route comme auparavant. Enfin la coulée s'arrêtait en formant un lac solidifié, du moins à la surface. Sur toute la traînée de laves, s'élevaient en nombre infini des jets de fumée à odeur sulfureuse. »

6. Masses des laves rejetées. — La quantité de lave vomie par un volcan, en une seule éruption, atteint parfois des proportions énormes. Le Kilauea, dans l'île d'Hawaii a un cratère de 5 kilomètres de longueur et 11 kilomètres de tour. Au fond de cet abîme bouillonne un lac de lave dont le niveau varie d'une année à l'autre, tantôt montant, tantôt descendant. Quand la pression devient trop forte, une déchirure se fait à travers la paroi, et le trop plein s'épanche en une coulée. En 1840, le torrent de lave s'étendait à 60 kilomètres de la bouche volcanique sur une largeur de 25 kilomètres. La masse de cette prodigieuse coulée se chiffre par 5 milliards et demi de mètres cubes, environ 70 fois la masse du terrain remué pour l'excavation du canal de Suez.

Le Scapta Jokül, volcan de l'Islande, a fourni en 1783 une coulée bien plus considérable. Les laves se dirigèrent vers une rivière, large en plusieurs endroits de 60 mètres et encaissée entre des berges de 100 à 200 mètres de profondeur. La lutte du feu et de l'eau fut de courte durée : la rivière fit place aux laves, qui la tarirent et en comblèrent le lit. Le flot ardent déborda alors dans les plaines voisines jusqu'à une grande distance, et alla tarir également et combler un grand lac. Une semaine après, un second flux de lave, issu du même volcan, se répandit sur la précédente coulée et se précipita, après plusieurs jours de marche, au fond d'un gouffre creusé par les eaux. Une fois le gouffre rempli, le fleuve de feu reprit son cours pour ne s'arrêter qu'à dix-huit lieues de son point de départ. Sa largeur, dans les terrains en plaine, variait de quatre à cinq lieues; son épaisseur ordinaire était de 30 mètres; mais, dans les défilés, elle allait jusqu'à 183 mètres. Une étendue de quatre-vingts lieues carrées fut couverte par la lave, dont le volume a été estimé, pour cette seule éruption, à 500 milliards de mètres cubes, ce qui représente à peu près le volume entier du Mont-Blanc.

7. Laves et bombes volcaniques. — Les matières minérales que les volcans rejettent à l'état de fusion prennent la dénomination générale de *laves*. En perdant la haute température qu'elles possèdent au moment de leur émission, elles se figent et deviennent une roche dure, souvent sonore, habituellement grise ou noirâtre. Chimiquement, elles se composent de divers silicates, parmi lesquels domine la *labradorite* ou silicate double d'alumine et de chaux.

Du reste, leur nature varie beaucoup d'un volcan à l'autre, et aussi d'une éruption à la suivante pour le même volcan. Tantôt elles sont en masse compacte; tantôt elles sont caverneuses à la manière des scories. Les laves compactes forment le centre et la partie inférieure des courants épais; les laves scoriacées se trouvent à la surface et servent d'enveloppe aux premières ou bien constituent les traînées de faible épaisseur. On voit donc que la structure compacte est la conséquence d'un refroidissement lent; et la structure caverneuse, celle d'un refroidissement prompt.

Les *bombes volcaniques* sont des lambeaux de lave qui, lancés hors du cratère par l'explosion soudaine des vapeurs comprimées, tournoient dans l'air, s'y arrondissent et retombent figés en une masse ovalaire, encore rouge de feu et même molle. Leur vitesse est comparable à celle des projectiles de nos pièces d'artillerie, et la hauteur qu'elles atteignent, calculée d'après la durée de leur chute, s'est trouvée, dans certaines éruptions du Vésuve, d'environ 2 kilomètres. Ces bombes, pour les volcans de l'Europe, sont généralement de médiocre volume; mais on en cite qui, lancées par le Cotopaxi (Amérique du Sud), avaient plusieurs mètres de circonférence.

Les plus petits fragments de lave, projetés en gouttelettes hors du cratère, sont aussitôt solidifiés et deviennent des sables volcaniques ou *rapilli*.

8. Cendres volcaniques. — Fracturées et réduites en menus débris par la poussée des laves et la force expansive des vapeurs, les roches, dont le volcan se compose, fournissent les *cendres volcaniques*, qui retombent comme grêle et s'amoncellent en entonnoir autour de l'orifice de sortie. Parfois l'explosion met en poudre une partie de la montagne, et une horrible nuée de cendres s'abat sur le voisinage, tandis que les parties les plus fines, chassées par le vent, vont retomber à d'énormes distances.

C'est ainsi que, lors de la célèbre éruption de l'an 79, la partie du Vésuve tournée vers la mer fut broyée en ruines poudreuses, qui ensevelirent, dans leur chute, les villes de Pompéi, d'Herculamun et de Stabies, ainsi que toute la campagne voisine. Les courants de l'atmosphère conduisirent jusqu'en Égypte, jusqu'en Syrie, les derniers vestiges de cette formidable averse.

Sur la langue de terre reliant les deux Amériques est le *Coseguina*, qui produisit en janvier 1835 une des plus terribles éruptions de cendres des temps modernes. La nuée de débris lancés dans l'espace s'étalait en un orbe large de quelques centaines de kilomètres. Jusqu'à huit lieues et plus du volcan, toute la campagne fut couverte d'une couche de cendres de 3 à 4 mètres d'épaisseur; plus loin, la chute des débris s'affaiblissait par degrés et ne cessait que vers l'extrémité orientale de la Jamaïque. Les navires de la mer des Antilles péniblement s'avançaient à travers une nappe de pierres ponces flottant à la surface des eaux. Pendant une quarantaine d'heures, la région située sous la voûte de cendres planant dans l'atmosphère resta plongée dans de profondes ténèbres, entrecoupées par moments de rougeurs sinistres dues aux éclairs électriques qui sillonnaient les colonnes de vapeur du volcan.

Sumbava, l'une des îles de la Sonde, possède vingt volcans, dont l'un, le *Timboro*, est célèbre par son éruption de 1815. L'explosion fit crouler et disperser en débris le tiers supérieur de la montagne, élevée alors de 4500 mètres. Le mont décapité vomit des nuages de cendres, portés par le vent jusqu'à Bornéo, jusqu'en Australie, et si épais, que, sur leur passage, ils faisaient du plein jour la nuit, dans un rayon de 500 kilomètres. Sur la mer nageait une couche de pierres ponces d'un mètre d'épaisseur. Il faudrait trois fois la masse du Mont-Blanc pour représenter la quantité de matériaux poudreux lancée par le cratère. L'éruption et ses suites, famine, épidémies, coûtèrent la vie à cinquante mille personnes. Aujourd'hui un lac dort dans le terrible soupirail.

9. **Vapeurs d'eau. Éclairs.** — Les fumées que rejettent les volcans se composent pour la majeure partie de vapeur d'eau. On a estimé que le cratère du Vésuve, pour chacune de ses détonations, lance dans les airs assez de vapeurs pour représenter une soixantaine de mètres cubes de liquide. Or, ces explosions peuvent se répéter des mois entiers, à peu de minutes d'intervalle. On peut par là se

faire une idée de l'énorme quantité d'eau exhalée par les bouches volcaniques. Le volcan l'Érèbe, découvert par James Ross aux terres antarctiques, lance de son soupirail embrasé des torrents de vapeurs qui, saisies par le froid, retombent aussitôt en flocons de neige. Il n'est pas rare, lors des grandes éruptions, que les vapeurs de certains volcans se condensent dans les hauteurs de l'atmosphère et se précipitent en pluies torrentielles, ravinant les flancs de la montagne.

C'est à ces vapeurs, surchauffées dans le foyer volcanique et douées alors d'une irrésistible puissance, que sont dues l'ascension des laves dans la cheminée du volcan, leur gonflement en bulles qui crèvent avec fracas, les détonations qui grondent au sein de la montagne, les brusques ruptures dans les points où le sol ne peut plus résister à la pression. A cette puissance de la vapeur d'eau s'ajoute la force élastique des gaz, dont nous allons parler.

La physique enseigne que la vapeur d'eau à haute pression, en lançant des gouttelettes liquides contre des obstacles solides, est une source d'électricité; sur ce principe est construite la machine électrique d'Armstrong. Les éruptions volcaniques sont éminemment favorables à pareille production d'électricité. Dans l'immense gerbe de vapeurs, lancées avec une indomptable violence, sont répandus, innombrables, des fragments de lave, des lambeaux de scories ou de ponce, des sables et des cendres. De la friction de la vapeur contre ces débris, doit résulter et résulte en effet une abondante apparition d'électricité libre. Ainsi s'expliquent les éclairs, les coups de foudre au sein de la nuée de l'éruption.

10. **Produits gazeux.** — Les principaux produits gazeux des éruptions volcaniques consistent en acide chlorhydrique, acide sulfureux, acide carbonique et hydrogène sulfuré. Le gaz chlorhydrique apparaît le premier, au moment de la plus grande violence de l'éruption; plus tard, quand l'action volcanique se modère, se dégage le gaz sulfureux; enfin le gaz carbonique et l'hydrogène sulfuré se montrent les derniers et continuent leur déga-

gement pendant de longs siècles par les fissures des volcans éteints et des solfatares. La lave fluide contient en dissolution des gaz ainsi que de la vapeur d'eau, et les laisse dégager à mesure que sa température baisse. Sur une coulée de lave, récemment rejetée, on voit çà et là brusquement se former des pustules coniques, qui s'ouvrent au sommet, se creusent d'un petit cratère et rejettent une exhalaison gazeuse avec des parcelles de lave. Ce sont là, en miniature, autant de soupiraux volcaniques.

Parmi les autres produits volcaniques, n'oublions pas le chlorure de sodium, le même que le sel marin, parfois assez abondant pour couvrir les environs du cratère d'une efflorescence miroitante comme si les eaux de la mer s'y étaient évaporées. Citons aussi le chlorure de fer, en brillantes paillettes; le chlorhydrate d'ammoniaque ou sel ammoniac, et les cristaux de soufre.

11. Action des eaux de la mer. — Nous avons reconnu que les volcans sont, pour la plupart, situés au voisinage des mers, et nous avons cité comme exemple le plus frappant la longue série de montagnes embrasées qui se dresse sur les deux rivages de l'océan Pacifique. En outre, les îles fréquemment sont volcaniques; quelques-unes même sont remarquables par l'ampleur de leurs cratères et la violence de leurs éruptions. Rappelons à ce sujet, dans les îles Sandwich, le Kilauea, la source de laves la plus puissante de notre globe, et, dans l'île Sumbava, le Timboro, dont nous avons raconté la formidable explosion. Si de nouvelles bouches éruptives apparaissent, c'est habituellement au sein des mers, comme le témoignent, ainsi qu'on le verra plus tard, l'île Julia et les îlots successivement formés dans le vaste golfe du groupe Santorin.

D'autre part, les éruptions volcaniques rejettent des masses énormes de vapeur d'eau; elles donnent en abondance du gaz chlorhydrique et divers chlorures : chlorure de fer, chlorure de sodium, chlorure d'ammonium ou sel ammoniac. Une analyse plus détaillée retrouve même dans les produits volcaniques la plupart des éléments caracté-

ristiques des eaux de la mer. Ces observations rendent
très probable que les océans ont un rôle dans les phénomènes volcaniques. Les eaux marines, pénétrant par les
crevasses du sol jusqu'aux laves incandescentes, fournissent les vapeurs surchauffées, peut-être principale
cause des éruptions ; et leurs matières salines, décomposées
par la haute température du foyer souterrain, sont l'origine des produits accessoires, en particulier du gaz chlorhydrique et des divers chlorures.

CHAPITRE V

VOLCANS

(SUITE)

1. Le Monte Nuovo. — Pour la plus grande part, les
volcans sont de formation ancienne, antérieure aux temps
historiques ; mais quelques-uns, en petit nombre, ont soudainement apparu à des époques récentes. Tels sont le
Monte Nuovo, aux environs de Naples, et le *Jorullo*, au
Mexique.

En septembre 1538, après de nombreuses secousses du
sol qui duraient depuis deux ans et tenaient en émoi les
environs de Naples, on vit, dans le voisinage de Pouzzoles,
une plaine se gonfler en une ampoule d'une demi-lieue de
tour. Le 29, à deux heures de la nuit, cette ampoule creva
tout à coup au sommet avec un horrible fracas, et s'ouvrit
en une bouche qui lançait un mélange de feu, de fumée,
de pierres et de boue brûlante. Des détonations, comparables à celles du tonnerre le plus fort, accompagnaient
les déchirements du sol. Les pierres lancées atteignaient
une grande hauteur, puis retombaient soit dans l'intérieur
de l'ouverture, soit sur ses bords. La boue était grisâtre,

commé une pâte de cendres, et très fluide. En moins de douze heures, le terrain gonflé par la poussée souterraine et exhaussé par les déjections de pierres, de cendres et de boue, forma une colline de 144 mètres d'élévation. Pendant deux jours et deux nuits, l'éruption ne discontinua pas. La boue vomie retombait en averses si drues, que Pouzzoles et ses environs en furent inondés. Naples le fut également et vit plusieurs de ses palais ruinés par cette étrange

Fig. 11. — Le Monte-Nuovo.

pluie. Réveillés en sursaut au milieu de la nuit par les premières détonations, les habitants de Pouzzoles fuyaient au hasard, affolés d'épouvante, tout souillés de boue, la mort peinte sur le visage. Les uns emportaient leurs enfants dans les bras, ou traînaient après eux des sacs remplis de bagages ; les autres s'acheminaient du côté de Naples, avec un âne chargé de leur famille en proie à la terreur. Ceux qui conservaient encore quelque présence d'esprit recueillaient à la hâte, sur leur passage, une mul-

titude d'oiseaux tombés morts au commencement de l'é-
ruption, et de poissons, que la mer voisine, en se retirant
sur une largeur de deux cents pas, avait laissés à sec.

Le troisième jour l'éruption cessa. Quelques personnes
gravirent la nouvelle montagne, et trouvèrent qu'elle
formait un vaste entonnoir de 138 mètres de profondeur.
Au fond du cratère, les pierres, les scories, paraissaient
ballottées comme les bulles de vapeur d'un vase en ébullition. Tout semblait fini, et les curieux affluaient sur la
montagne pour voir de près la bouche volcanique, quand,
le septième jour, une nouvelle éruption éclata, presque
aussi violente que celle de la première nuit. Plusieurs
personnes furent renversées et tuées par les pierres ou
étouffées par la fumée. Quelque temps encore, on vit des
vapeurs et des traits de feu s'élever de la montagne; enfin
tout s'apaisa, et, depuis, une tranquillité parfaite a constamment régné. On a donné à ce singulier cône volcanique,
sorti de terre en une nuit, le nom de *Monte Nuovo*, c'est-
à-dire montagne nouvelle. Le Monte Nuovo est aujourd'hui
couvert de végétation. De son cratère assoupi, il ne s'é-
chappe aucune vapeur.

2. **Le Jorullo.** — Vers le milieu du dernier siècle se
trouvait au Mexique une grande plaine populeuse, arrosée
par deux cours d'eau et couverte de riches cultures de
maïs, de riz, de cannes à sucre, d'indigotiers. Rien ne
pouvait faire soupçonner que ces terres fertiles dussent un
jour être livrées aux ravages volcaniques : jamais on n'y
avait ressenti la moindre secousse, jamais les feux souterrains n'y avaient grondé aussi loin que pouvaient remonter les souvenirs de l'histoire. Néanmoins, au mois
de juin 1759, des rumeurs souterraines éclatèrent et furent
suivies, pendant deux mois, de violents tremblements de
terre. Sur la fin de septembre, les trépidations redoublè-
rent de force; et, sur une étendue d'un peu plus d'une
demi-lieue carrée, le terrain se souleva peu à peu et se
boursoufla en une intumescence de 168 mètres de hauteur.

Puis la surface de cette ampoule se mit à onduler comme

une mer agitée, et se couvrit d'innombrables buttes coniques, d'espèces de pustules creuses, hautes de 2 à 3 mètres, qui s'élevaient, crevaient, s'abîmaient tour à tour comme les vessies gazeuses d'un liquide en fermentation. Enfin le dôme s'entr'ouvrit et vomit de la fumée, des cendres et des pierres calcinées. Bientôt, du sein de ce gouffre, six cônes volcaniques surgirent, parmi lesquels le volcan de Jorullo, dont la cime s'élève à 483 mètres au-dessus du niveau de la plaine primitive. Jusqu'au mois de février de l'année suivante, le nouveau volcan ne cessa de rejeter des courants de laves et des masses de scories, tandis que les pustules coniques disséminées sur le dôme vomissaient des jets de vapeurs brûlantes et de fumées acides. Au moment où le sol commençait à se soulever, les deux petites rivières qui arrosaient la plaine inondèrent toute la partie occupée aujourd'hui par le Jorullo, et s'engloutirent enfin dans le gouffre qui venait de s'ouvrir.

Quarante années après l'événement, le terrain boursoufflé sur lequel reposaient les bouches volcaniques rendait sous les pas un son creux à la manière d'une voûte. Sa surface conservait encore un reste de chaleur. On dit même que vingt ans après l'éruption, la température des laves était suffisante dans les fissures pour allumer un cigare à quelques pouces de profondeur. Les pustules coniques, ou les *petits fours* comme on les appelle dans le pays, vomissaient toujours des vapeurs. Quant aux deux ruisseaux qui avaient disparu dans le sol brûlant, ils reparaissaient au jour loin de leur direction primitive et formaient de puissantes sources thermales. Depuis lors, les fours et le Jorullo ont cessé de fumer ; les sources et le sol ont perdu leur chaleur, et des taillis épais ont recouvert le sol dévasté.

3. Volcans sous-marins. Ile Julia. — Du fond même de la mer, des volcans peuvent surgir et dresser leurs cratères au-dessus des flots. En voici un exemple :

Le 10 juillet 1831, un navigateur passant au large, à une douzaine de lieues des côtes méridionales de la Sicile, vit la mer bouillonner sur une grande étendue et rouler dans ses flots une multitude de poissons morts. Puis, une colonne

d'eau de 800 mètres de circuit s'était brusquement élancée
à une vingtaine de mètres de haut pour s'écrouler aussitôt; et cela à diverses reprises, pendant qu'il s'en échap-
pait une gerbe de vapeurs épaisses, qui montait au moins
à 500 mètres et obscurcissait le ciel. Une odeur infecte
apporta sur les côtes de la Sicile la nouvelle de ce qui se
passait au large. Bientôt, malgré la distance, on aperçut à
l'horizon une haute colonne de fumée, qui, la nuit, s'illu-
minait par moments de vives et subites lueurs, pareilles

Fig. 12. — L'île Julia, le 20 septembre 1831.

aux éclairs de chaleur des soirées d'été. Enfin, on entendait
comme le roulement sourd d'un tonnerre éloigné. Sans la
présence de la colonne de fumée, toujours verticale à la
même place, on eût cru à quelque orage lointain de
longue durée.

A son retour, huit jours après, le même navigateur reconnut, au point où, lors de son premier passage, il avait
trouvé la mer si tumultueuse, une petite île inconnue, d'aspect calciné, et élevée de quelques mètres à peine au-
dessus des flots. Au centre, elle était creusée d'une sorte

de bassin où bouillait une eau rougeâtre, et d'où s'élevaient des tourbillons de fumée et des jets de matières volcaniques. Autour de l'île flottaient, jusqu'à une grande distance, des scories, des ponces et des poissons morts.

Le 24 juillet, deux semaines après son apparition, cette île étrange fut visitée par un savant géologue. A un quart de lieue de distance (la prudence commandait de ne pas approcher davantage), on reconnut que l'îlot formait le bord émergé d'un cratère de 600 à 700 mètres de tour. L'îlot lui-même pouvait avoir un quart de lieue de circonférence et une vingtaine de mètres d'élévation en ses points culminants. D'ailleurs l'éruption, continuant sans relâche, tendait à l'élever de plus en plus au moyen des matériaux rejetés par la bouche volcanique. De l'orifice du cratère s'échappaient, avec violence mais sans bruit, d'énormes bouffées de vapeurs blanches comme la neige, qui, en se réunissant, formaient, au milieu d'une atmosphère calme, une majestueuse colonne d'un demi-kilomètre de hauteur. Quelques scories brûlantes la traversaient de temps à autre, aussi rapides que des fusées. Tout à côté de cette colonne, surgissait une gerbe de fumée noire où tourbillonnaient continuellement, avec un cliquetis comparable à celui de la grêle, des jets de scories, de cendres et de sables volcaniques. Au contact de ces matériaux embrasés, les eaux de la mer frémissaient et fumaient comme au contact du fer rouge.

Il ne sortait pas de flammes du cratère ; mais, dès que l'éruption reprenait avec plus de force, de vifs éclairs serpentaient à travers la gerbe noire de cendres, et chacun d'eux était suivi d'un retentissant coup de tonnerre, dont la fréquente répétition devait faire, dans le lointain, l'effet d'un roulement continu. Cet imposant spectacle était interrompu de quart d'heure en quart d'heure par des repos, pendant lesquels on n'apercevait plus que la colonne de vapeurs.

Le 4 août, l'île avait 60 mètres de hauteur et une lieue de circuit. Elle aurait augmenté sans doute davantage si l'éruption avait persévéré ; mais un mois après leur pre-

mière apparition, tous les phénomènes volcaniques cessè-
rent. On put alors, pour la première fois, parcourir l'île
et la visiter sans danger. Bien des noms lui furent donnés :
on la nomma *Nerita, Ferdinanda, Graham, Julia.*

Son existence fut de courte durée : peu à peu l'action
des vagues détruisit les bords du cratère; et, dès le mois
de décembre de la même année, l'île Julia disparut,
transformée en récif, après avoir apparemment rejeté, au
sein même de la mer, une coulée de laves par quelque
crevasse ouverte sur ses flancs. L'action volcanique n'était
cependant pas épuisée en ce point, car deux ans plus tard
d'autres éruptions eurent lieu, mais sans amener de nouvelles terres au-dessus des flots. Le cratère, qu'on présu-
mait pour toujours éteint et enseveli dans la mer, a même
reparu en 1863, plein d'eau bouillante et de vapeurs sulfureuses.

4. **Santorin.** — Vers les limites sud de l'archipel grec
des Cyclades, est le petit groupe de Santorin, extrêmement
remarquable par la multiplicité de ses éruptions sousmarines. L'île principale, Santorin, se recourbe en fer
à cheval et enclave entre les extrémités de ses branches deux îles beaucoup plus petites, Thérasia et Aspro.
Ces trois terres forment dans leur ensemble un circuit de
50 kilomètres. Elles sont, suivant toute apparence, les
restes d'un énorme cratère, dont l'enceinte a été ébréchée
par l'action continuelle des eaux et s'est partiellement
écroulée sous les flots. Les pentes extérieures, blanchies
de pierres ponces, s'inclinent doucement vers la mer; les
pentes intérieures, où se montrent en bandes à couleurs
vives les diverses assises des produits volcaniques, sont
abruptes et se dressent en quelques points à pic sur une
hauteur de 200 mètres jusqu'à 400. Le bassin ainsi cir-
conscrit est le cratère de l'antique volcan. Au centre de ce
bassin sont plusieurs îles de laves, apparues à diverses
époques. La plus reculée en date, *Paléo-Kaiméni* (l'an-
cienne brûlée), surgit des eaux 186 ans avant notre ère.
En 1573 s'éleva du fond du golfe un cratère d'une trentaine
de mètres de hauteur qui, par ses déjections de lave, pro-

68 GÉOLOGIE.

duisit l'île de *Mikro-Kaiméni* (la *petite brûlée*). De 1707 à
1709 apparut un troisième massif de laves, l'île de *Néo-
Kaiméni* (la *nouvelle brûlée*), de 6 kilomètres de tour.
Enfin, en 1866, au voisinage de cette dernière île, on vit
monter du fond de la mer brûlante une masse de laves
qui, après avoir formé un îlot d'une cinquantaine de
mètres de hauteur, finit par s'unir à Néo-Kaiméni. Celle-c
était ébranlée de fréquentes explosions ; ses bouches vol-

SANTORIN

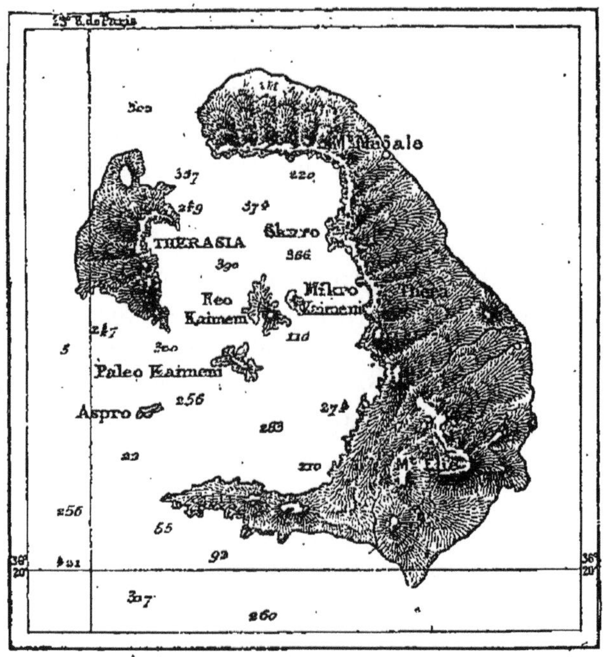

FIG. 13. — Santorin.

caniques lançaient au loin des blocs pesant jusqu'à cent
kilogrammes, et projetaient à 3 000 mètres de hauteur des
gerbes des mêmes débris.

L'enceinte formée par Santorin et les deux îles enclavées
entre ses branches peut être comparée à la Somma du
volcan napolitain, et les divers îlots apparus dans le bassin peuvent être assimilés au cône éruptif qui porte seul
le nom de Vésuve.

Dans le golfe du Bengale, l'île Barren présente semblable disposition. Elle se compose de hautes falaises, que coupe une échancrure par où pénètre la mer. Au centre de ce bassin se dresse un cône volcanique de 563 mètres de hauteur.

Bien d'autres îles sont configurées en cirques incomplets, occupés par la mer, mais sans cône au centre. Ce ont autant de cratères qui, par la destruction d'une partie de leur enceinte et par l'irruption des eaux, ont été trans-

Fig. 14. — L'île de Barren, dans le golfe du Bengale.

formés en bassins. Telle est, dans l'hémisphère austral, entre la pointe de l'Afrique et l'Australie, l'île Saint-Paul, illustrée par le récent séjour des astronomes français qui s'étaient transportés sur cet îlot sauvage pour observer le passage de Vénus sur le soleil.

5. Volcans éteints. — Après une période plus ou moins longue d'activité, un volcan peut étouffer ses feux et cesser de fumer. On dit alors qu'il est *éteint*. La végétation s'empare de ses coulées de lave, le gazon couvre

les pentés de son cratère; mais, sous ce manteau de
verdure, le terrain garde les traces ineffaçables du feu;
et, à certains caractères qui ne laissent aucun doute dans
l'esprit, il est toujours possible de reconnaître une bouche
volcanique, lors même que l'homme n'aurait jamais été
témoin de ses éruptions.

Dans quelques provinces de la France, dans l'Auvergne
surtout, le Vivarais et le Velay, se voient, isolés ou assemblés en groupes, de nombreux monticules coniques,
tronqués au sommet et creusés d'une vaste excavation en
forme d'entonnoir. On leur donne le nom de *puys*. Tantôt
l'excavation a la forme d'une conque si régulière, qu'on la
dirait creusée de main d'homme; tantôt le bord en est
égueulé, c'est-à-dire interrompu par une large brèche.
Parfois un lac d'une admirable limpidité remplit la conque;
plus souvent encore, l'excavation est un pâturage où descendent les troupeaux. Or ces conques si paisibles, si
vertes, si fraîches aujourd'hui, sont des cratères d'anciens volcans; là où dorment les eaux d'un lac a bouil-
lonné autrefois un bain de lave en fusion; là où ru-
minent des troupeaux, les feux souterrains ont tonné.
Le monticule de forme conique, au-dessous de sa pelouse
et de sa couche de terre végétale noire, n'est qu'un
amas de scories, de cendres volcaniques et de roches
vitrifiées. La conque qui le termine, c'est le cratère;
la brèche qui souvent en altère la régularité, c'est la
voie que les laves se sont frayée pour s'épancher au
dehors, quand elles n'ont pas ouvert la terre plus bas, au
pied du monticule. Quant à la coulée de laves, elle n'est
pas moins reconnaissable. C'est une puissante traînée de
roches, noires ou rougeâtres, toute crevassée, d'aspect
calciné, et qui serpente dans la plaine à partir du cône
volcanique. Les gens du pays lui donnent le nom de *cheire*.
Quelques-unes de ces coulées dépassent en étendue les
plus grandes qu'ait fournies l'Etna.

.6. **Puy de Pariou.** — A la base du Puy-de-Dôme, non
loin de Clermont-Ferrand, est le Puy de Pariou, le volcan
éteint le mieux conservé de l'Auvergne et peut-être de

l'Europe. Il se compose de deux cratères distincts : un supérieur et central, plus élevé : l'autre inférieur, bien plus grand et entourant la base de la montagne d'une ceinture qui arrive à demi-hauteur. Celui-ci est le cratère primordial, d'où la coulée de laves est sortie par une large brèche toute bouleversée. Postérieurement à cette éruption de lave, une autre eut lieu qui, lançant une immense quantité de scories poreuses et de cendres volcaniques, forma, par l'accumulation de ces débris, le cône supérieur excavé en régulière coupe. Ce cône, d'où ne s'est épanchée aucune coulée, a 114 mètres d'élévation. Son entonnoir mesure 310 mètres de diamètre et 93 mètres de profondeur. Ses contours sont arrondis, ses flancs bien gazonnés à l'intérieur et à l'extérieur, ses pentes douces, telles que doivent en former des matières pulvérulentes qui, projetées à une certaine élévation, retombent en s'accumulant autour de l'orifice de sortie. Le cratère a la forme d'un cône tronqué très évasé, le fond est une petite plaine. Aucun rocher, aucun ravin ne trouble sa régularité ; c'est le plus beau et le plus vaste des amphithéâtres. Le Pariou, avec sa vallée annulaire qui, ébréchée par la sortie des laves, n'entoure plus qu'incomplètement le cône central de scories, est la reproduction de la Somma surmontée du cône du Vésuve. Un grand nombre de volcans de l'Auvergne ont eu pareillement deux éruptions successives. La première a donné la lave ; la seconde a comblé en partie le cratère primitif en élevant au centre de ses ruines un cône de scories. Quelquefois on retrouve, comme pour le Pariou, des restes de l'ancien cratère ; plus souvent encore, il est complètement détruit.

7. **Solfatares.** — Après sa période d'activité et avant d'arriver à l'extinction totale, un cratère parfois est dans un état intermédiaire pendant lequel ses soupiraux, obstrués de débris comme dans les volcans éteints, ne rejettent ni laves, ni scories, ni cendres, mais seulement des vapeurs et des gaz, notamment du gaz carbonique, du gaz chlorhydrique, du gaz sulfureux et de l'hydrogène sulfuré, qui laisse dans les fissures par lesquelles il se

dégage des dépôts de soufre cristallisé. En cet état le cratère est qualité de *solfatare*, c'est-à-dire *soufrière*. Dans l'intervalle de repos séparant deux éruptions, la plupart des cratères actifs deviennent simples solfatares. Des fumaroles de vapeurs acides, des cristallisations de soufre sublimé, sont les seuls indices de leur activité momentanément suspendue.

Mais il existe des solfatares permanentes ; il y en a qui, depuis les temps historiques les plus reculés, n'ont rejeté autre chose que des vapeurs et du gaz. Telle est, au voisinage de Naples, la solfatare de Pouzzoles, vaste cratère qui, dans l'antiquité, était réduit, comme aujourd'hui, à des émanations gazeuses. La solfatare de Volcano, petit îlot au voisinage de la Sicile, est un entonnoir de 2 kilomètres de circuit, avec des parois de 300 mètres de hauteur, vivement colorées de jaune et de rouge. De cette énorme chaudière s'exhale un continuel tourbillon de vapeurs. L'atmosphère en est péniblement respirable, imprégnée qu'elle est de gaz sulfureux et de gaz chlorhydrique. Des fissures du sol, parfois chaud comme la sole d'un four, s'échappent avec un bruit de soupirs et de sifflements, des milliers de fumaroles qui déposent sur la roche des stalactites jaunes de soufre ou des houppes blanches d'alun et de borax.

Enfin, comme dernier vestige de l'activité volcanique, dans beaucoup de contrées le gaz carbonique s'échappe du sol en sources plus ou moins abondantes et remplit les cratères éteints, le fond des vallées, les cavernes. Tel est le vieux cratère de Pasto, aux environs de Quito ; telle est la *Vallée du Poison*, dans l'île de Java, vallée blanchie par les ossements des animaux qui ont pénétré dans son atmosphère mortelle. Pouzzoles a la célèbre *Grotte du chien*, où, pour la puérile curiosité des visiteurs, on fait haleter et suffoquer à demi un misérable chien traîné de force dans la couche de gaz irrespirable. Non loin est l'Averne, l'entrée des Enfers suivant les antiques croyances. De ce vieux cratère, occupé par un sombre lac, l'acide carbonique s'exhalait en telle abondance, que les oiseaux tombaient du haut des airs, soudain asphyxiés, s'ils venaient à planer au-dessus de ses eaux.

8. **Volcans boueux.** — La masse de vapeur exhalée dans une éruption peut se condenser dans les froides hauteurs de l'air, et retomber en averses torrentielles, qui entraînent avec elles les cendres suspendues dans l'atmosphère, ou bien délayent, dans leur ruissellement, les matériaux poudreux répandus sur la montagne. Ainsi se forment de puissants torrents de boue qui vont au loin porter le ravage. De cette manière apparemment périt Herculanum en l'an 79. La ville disparut sous un déluge de boue, convertie aujourd'hui, sur une épaisseur variant de 15 à 45 mètres, en une roche nommée *tuf volcanique*.

D'autres fois, la boue s'échappe du cratère lui-même, ou bien se déverse par des crevasses soudainement ouvertes sur les flancs du volcan, ainsi que le fait la lave. Une éruption boueuse, à la place d'une éruption de matières minérales fondues, trouve son explication dans ce que nous venons de dire relativement à la mer. Les eaux marines, engouffrées dans les abîmes du volcan, reparaissent par le cratère ou les crevasses, amenant avec elles en une boue fumante, les débris des roches qu'elles ont corrodées et mises en poudre.

En 1772, le *Papandayang*, alors l'un des volcans les plus élevés de Java, s'engloutit en partie, s'effondra sur sa base et fit place à un lac de boue, dans lequel disparurent quarante villages et leurs habitants. Ce qui reste de la montagne est aujourd'hui couvert de cratères d'où s'épanchent des flots d'argile, de soupiraux qui sifflent ou grondent en lançant des jets de vapeurs brûlantes, d'entonnoirs où monte et s'abaisse tour à tour un bain de vase noire.

En 1797, la base du *Tungaruqua*, dans la province de Quito, se fendit de plusieurs crevasses, d'où s'épanchèrent des torrents de boue fétide. L'un d'eux, dans une vallée large de plus de 300 mètres, s'élevait jusqu'à la hauteur de 183 mèttres, Ces puissantes digues de boue interceptèrent le cours des rivières, qui furent converties en lacs, et mirent plus de vingt-quatre jours pour miner l'obstacle et reprendre possession de leur lit.

9. Salses. — On désigne ainsi des monticules qui rejettent par leur entonnoir des vapeurs, des gaz, notamment de l'acide carbonique et de l'hydrogène protocarboné, et enfin des boues imprégnées de matières salines, surtout de sel marin, circonstance qui a fait donner le nom de *Salses* à ces bouches éruptives. Ces petits volcans boueux sont fréquents en Europe. Il s'en trouve en Italie, dans la province de Modène; en Sicile, au voisinage de Girgenti; sur les bords de la Caspienne, spécialement aux environs de Bakou, qu'ont rendu célèbre ses sources de gaz inflammable; enfin des deux côtés du détroit qui met en communication la mer Noire et la mer d'Azow.

10. Salses de Girgenti. — « La Salse de Girgenti, nous raconte Dolomieu, forme une colline de 50 mètres environ d'élévation. Sur son sommet aplati se dressent de très nombreux cônes tronqués, distants l'un de l'autre, et dont le plus élevé peut avoir un mètre. Tous sont creusés en entonnoir, au fond duquel règne un continuel mouvement. D'un instant à l'autre, il s'en élève un limon grisâtre qui, arrivé à la bouche du soupirail, s'arrondit en demi-globe, puis crève en laissant échapper une bouffée de gaz. En même temps, le limon est rejeté hors de-l'entonnoir et ruisselle sur les flancs du cône pour rejoindre la coulée boueuse qui s'étend à une grande distance. Le nombre total de ces cônes s'élève à plus de cent, et varie d'ailleurs d'un jour à l'autre.

Telle est la Salse pendant la sécheresse de l'été. Mais, à la saison des pluies, les cônes argileux se détrempent, se dissolvent et s'affaissent en se mettant de niveau avec le sol. Le tout n'est plus alors qu'un vaste gouffre d'argile mouvante, dont on ne connaît pas la profondeur et où il serait très imprudent de s'engager. Un bouillonnement continuel règne sur la surface boueuse, sans passages fixes pour les bulles de gaz.

Ainsi se présente la Salse de Girgenti en ses moments de calme ; mais elle a ses époques de grande fermentation,

qui jette la terreur dans tout le voisinage, et ressemble
aux phénomènes précurseurs des éruptions volcaniques.
On éprouve alors, jusqu'à la distance de deux ou trois
milles, des secousses violentes, de véritables tremblements
de terre; on entend des tonnerres souterrains, et après
plusieurs jours de ce travail et d'augmentation progres-
sive dans les fermentations intérieures, il y a des éruptions violentes qui lancent perpendiculairement, quelquefois à plus de deux cents pieds, une gerbe de terre, de
boue, d'argile détrempée mêlée de quelques pierres. Ces
explosions se répètent trois ou quatre fois dans les vingt-
quatre heures; elles sont accompagnées d'une odeur fétide
et quelquefois, dit-on, de fumée. Puis ces phénomènes
préliminaires se calment, et la Salse reprend les caractères sous lesquels je l'ai d'abord décrite.

« Mon premier empressement, en arrivant sur la plaine
de la Salse, fut de vérifier s'il existait quelque chaleur
dans les bouillonnements que je voyais autour de moi. Je
mis la main dans la vase délayée des cratères, et, au lieu
de la sensation de chaleur que j'attendais, j'y trouvai du
froid. J'enfonçai le bras nu dans la boue d'un des cratères, aussi profondément que je le pus, et j'y trouvai plus
de fraîcheur encore qu'à la surface. Le dégagement de
gaz carbonique à travers des argiles profondément dé-
trempées paraît être la cause principale des éruptions de
la Salse. »

Pour les Salses de Modène, le gaz est tout autre. La
bulle gazeuse qui soulève la boue dans le cratère prend
feu à l'approche d'une bougie allumée et donne un volumineux globe de flamme, qui disparaît aussitôt en laissant une très forte odeur de pétrole.

11. Roches volcaniques. Basalte. — Les traits les
plus saillants des éruptions volcaniques nous étant connus, revenons aux matières minérales rejetées. Nous
avons déjà parlé de la lave ordinaire, habituelle matière
des coulées modernes.

On nomme *basalte* une lave compacte, de couleur noire
ou grise, dont les puissantes coulées appartiennent surtout

aux anciens volcans. Le caractère le plus frappant de cette roche, c'est sa division en colonnes prismatiques, régulièrement assemblées à côté les unes des autres. Chacun a pu observer ce qui se passe dans la vase laissée sur les rives par un fleuve débordé : après le retrait des eaux, la couche vaseuse se dessèche, et, en perdant son humidité, diminue de volume. De là résultent des contractions qui, tiraillant la couche vaseuse, la fendillent en donnant lieu à des plaques irrégulières, assemblées comme les pièces de quelque capricieux parquet.

Quelque chose d'analogue s'est passé dans les amas d'antiques laves, assez épais pour se refroidir avec lenteur. La partie supérieure, exposée au brusque refroidissement atmosphérique, s'est convertie en une couche de scories informes ; mais la partie inférieure, protégée par ce banc de scories, n'a perdu sa chaleur qu'avec une lenteur extrême et a permis ainsi des groupements de quelque régularité. Par la contraction de sa masse refroidie, la lave s'est fendue dans toute son épaisseur en colonnes prismatiques, dont la forme est généralement hexagonale.

C'est toujours perpendiculairement aux surfaces refroidissantes que les fissures se sont produites ; aussi les colonnes basaltiques peuvent-elles présenter des directions différentes suivant l'état des lieux où s'est faite la coagulation. Étalées sur un terrain horizontal, les laves sont devenues des prismes verticaux ; sur une surface inclinée, elles ont produit des colonnes obliques ; engagées dans quelque gorge dont les parois servaient alors de surfaces refroidissantes, elles se sont divisées en prismes couchés l'un sur l'autre suivant l'horizontale.

Les basaltes se dressent donc tantôt en colonnades verticales, tantôt s'inclinent ainsi qu'un édifice à demi renversé, tantôt enfin s'amoncellent à la manière de troncs d'arbre empilés. Si la colonnade basaltique, au lieu d'être vue par les flancs, ne présente aux regards que sa face supérieure, débarrassée par les eaux de son banc de débris, l'aspect est celui d'un pavé à dalles hexagones. L'imagination populaire, frappée du grandiose spectacle des basaltes y a vu l'ouvrage énorme d'un peuple de géants et a mis en usage les expressions d'*orgues de géants*, de *chaussées de géants*, pour désigner soit les prismes assemblés côte à

FIG. 45. — Ile de Staffa.

côte ainsi que les tuyaux d'un orgue, soit l'espèce de dallage hexagone que forme la surface de la coulée. Nous citerons en France, dans l'Ardèche, les colonnades de Chenavari, près de Rochemaure, et la chaussée sur les bords de la petite rivière du Volant, entre Vals et Entraigues.

A l'étranger, ce que les basaltes ont de plus célèbre est la *grotte de Fingal*, dans l'île de Staffa, l'une des Hébrides, sur les côtes occidentales de l'Écosse. Une colonnade basaltique d'une admirable régularité et d'une élévation de 15 mètres sert de façade et de parois à une grotte dans laquelle la mer pénètre librement. L'entrée de ce monument naturel ne mesure pas moins de 11 mètres d'ouverture et donne accès dans une sorte de spacieux temple de 46 mètres de profondeur.

Sur le littoral de l'île Saint-Hélène se voit comme une muraille de prismes de basalte empilés horizontalement ; en quelques points l'édifice basaltique se dresse en longues aiguilles. Pour comprendre cette structure, où l'art de l'homme semblerait intervenir, il faut se figurer la lave se solidifiant dans quelque crevasse verticale qui lui servait de moule. La masse s'est fendillée par le retrait perpendiculairement aux surfaces latérales refroidissantes ainsi que nous venons de l'exposer. De là sont résultés des prismes horizontalement superposés. Plus tard, par l'action des eaux et des intempéries, le moule a été détruit en quelque sorte, c'est-à-dire que le sol dans lequel la lave était enclavée a été réduit en débris et graduellement emporté ; tandis que le basalte, plus résistant, s'est conservé tel qu'il était dans la crevasse primitive. Semblable fait se passe toutes les fois qu'une roche plus dure est enclavée en *filon* dans une roche plus tendre. Celle-ci, exposée à l'action de l'atmosphère, peu à peu se dégrade et se réduit en poudre, que les eaux enlèvent ; le filon de roche dure fait alors saillie sous forme d'une muraille plus ou moins élevée que l'on nomme *dike*, expression anglaise signifiant digue.

12. **Trachyte. Ponce.** — Un silicate double d'alumine et de soude, appelé *albite* en minéralogie, forme la majeure partie d'une roche volcanique à laquelle on donne le nom de *trachyte*. Le trachyte est une matière finement poreuse, âpre au toucher, de couleur blanchâtre dans certaines va-

Fig. 16. — Prismes basaltiques de l'île Sainte-Hélène

riétés, plus ou moins sombre dans d'autres. Son nom fait allusion à l'âpreté caractéristique qui résulte de sa structure poreuse. C'est la moins fusible des roches volcaniques.

Aussi généralement le trachyte est-il sorti de terre dans un état pâteux et a formé des boursoufflures, des cônes, des mamelons énormes au-dessus de la bouche de sortie, au lieu de s'épancher en longues coulées, comme le font les laves fluides. Certaines montagnes de l'Auvergne, que leur forme mamelonnée a fait comparer à des dômes, reconnaissent une semblable origine. Ce sont des protubérances de trachyte élevées par les éruptions pâteuses d'antiques volcans. Tel est en particulier le Puy de Dôme; tels sont aussi le mont Dore, le Cantal, le Mézenc. Les volcans de la Cordilière des Andes et des îles de la Sonde sont pareillement de nature trachytique. Dans les anciens âges, les éruptions de trachyte ont été fréquentes; de nos jours, elles sont devenues rares, et les volcans rejettent surtout de la lave ordinaire.

Au trachyte se rattache la *pierre ponce*, matière assez légère pour flotter sur l'eau. Sa coloration est claire, blanche, jaunâtre ou verdâtre. Certaines montagnes en sont presque en entier formées, notamment dans les îles Lipari. Nous venons de voir le Coséguina et le Timboro recouvrir la mer de leurs débris ponceux. Aisément friable et en outre à poussière dure, la ponce est employée dans les arts pour polir.

13. Origine des filons de roches. — Tout établit que l'eau surchauffée et ses vapeurs à puissance énorme jouent un rôle des plus importants dans les éruptions volcaniques. Les cratères, les crevasses de fracture, exhalent d'immenses torrents de vapeurs. Rappelons-nous le Vésuve, qui, pour chacune de ses détonations, se répétant à quelques minutes d'intervalle, lance dans l'atmosphère, à quelques kilomètres d'élévation, une gerbe de vapeurs qui, condensées, formeraient 60 mètres cubes d'eau liquide. La lave bouillonne et se couvre de pustules qui crèvent en lançant un jet de vapeur. De la coulée, tant que dure le refroidissement, de la vapeur d'eau se dégage en quantité par les fissures de l'écorce déjà solide. Tout démontre donc que la lave en fusion est impréguée dans toute sa masse de vapeur d'eau surchauffée. Les tonnerres souterrains des volcans sont les explosions de cette vapeur soudainement dégagée; les commotions du sol sont les ébranlements causés par sa force expansive; l'ascension des laves dans la cheminée volcanique est le résultat de sa poussée; les crevasses brusquement ouvertes sont les lignes de fracture d'une enveloppe non suffisante pour résister à sa puissance.

La profondeur où se passe ce formidable conflit entre les matières incandescentes de l'intérieur de la terre et l'eau venue de l'extérieur par infiltration ne peut encore être précisée; toutefois, elle paraît devoir être considérable. D'autre part, la nature des matériaux terrestres doit certainement varier avec la profondeur. Par conséquent, de même que les laves remontent des abîmes d'un volcan par l'action des vapeurs surchauffées, de même ont surgi au dehors, par la même action, des matériaux fluides ou pâteux, de nature différente parce qu'ils sont venus de plus bas. Ainsi ont apparu les *roches éruptives*, injectées de bas en haut à travers les ruptures du sol; ainsi se sont formés les *filons de roches*, les amas de quartz, de porphyre, de syénite, de granit et autres.

14. Métamorphisme de contact. — En traversant les couches de nature diverse dont le sol se compose, les roches éruptives ont laissé sur leur trajet les preuves les plus manifestes de la haute température qu'elles possédaient à leur arrivée à la surface. Elles ont inscrit en quelque sorte leur état thermométrique sur les calcaires, les argiles, les sables traversés, de même que les feux de la forge inscrivent leur température sur les briques scorifiées du foyer. Au contact du porphyre, des basaltes, des granits et autres roches congénères, les substances voisines ont éprouvé des modifications profondes, que la géologie classe sous la dénomination commune de *méta-morphisme*, et qui prouvent, avec une pleine évidence, la chaleur excessive de ces roches au moment où, remontant de l'intérieur de la terre, elles s'épanchaient à la surface du sol.

Soumis sans entraves à l'action de la chaleur, le calcaire se décompose : il se dégage de l'acide carbonique et il reste de la chaux. La fabrication de la chaux est basée sur ce principe. Mais si le calcaire est renfermé dans un vase métallique, dans un canon de fusil hermétiquement clos, le gaz carbonique n'a plus d'issue pour se dégager, et la décomposition n'a pas lieu. Alors la matière fond sans altération ; et après un refroidissement lent qui rend la cristallisation possible, le calcaire primitif, la pierre à bâtir vulgaire, la craie sans consistance, se trouvent transformés en une masse de marbre blanc et cristallin. Cette curieuse expérience, qui permet de changer la craie pulvérulante en marbre au moyen de la chaleur, est due au physicien anglais sir James Hall.

Or, au contact des roches éruptives, les calcaires compactes ou terreux se trouvent précisément métamorphosés en marbres, parfois éclatants de blancheur, parfois veinés des teintes les plus vives. Ces roches, au moment de leur injection à travers les assises du sol, étaient donc douées de la température élevée que nécessite l'expérience de Hall ; elles pouvaient, par leur simple voisinage, mettre en fusion les calcaires enfouis à des profondeurs où le dégagement de leur gaz carbonique n'était pas possible.

De même, sur le passage des roches éruptives, les houilles ont subi une puissante distillation qui les a privées de leur bitume et les a rendues âpres et caverneuses ; les sables se sont vitrifiés en grès compactes ; les argiles se sont cuites et durcies comme dans un four à poterie ; des vapeurs magnésiennes ont imprégné les calcaires et les ont transformés en *dolomies*[1], toutes fendillées ; des parcelles de mica et d'amphibole se sont disséminées dans les marnes feuilletées et leur ont communiqué les caractères du gneiss.

---

1. On nomme *dolomie* un carbonate double de chaux et de magnésie. Les roches dolomitiques sont fréquemment cellulaires, caverneuses ; elles ne font avec les acides qu'une effervescence lente.

Avec l'action de la haute température des roches éruptives, une autre s'exerçait, non moins efficace. En abandonnant la masse fondue qui tenait ses vapeurs dissoutes, l'eau surchauffée et chargée de diverses substances minérales pénétrait dans les roches voisines et en opérait la transformation.

Ainsi les massifs de roches éruptives ont surgi hors du sol à l'état d'incandescence. Ils sont comme des excroissances coagulées, ayant pour origine les matériaux fluides de l'intérieur de la terre. Avant de dresser leurs pics, leurs aiguilles, leurs dentelures jusque dans les régions des neiges perpétuelles, ils ont roulé, en nappes de feu, dans la fournaise souterraine.

CHAPITRE VI

SOULÈVEMENTS ET AFFAISSEMENTS LENTS. — TREMBLEMENTS

DE TERRE. — FAILLES.

1. Constance du niveau des mers. — La plus élémentaire des lois que nous enseigne l'hydrostatique est celle de la constance du niveau des liquides. En aucun de ses points, une nappe d'eau, si étendue qu'on la suppose, ne peut s'exhausser ou s'abaisser d'une manière permanente ; car, dès que cesse l'action qui l'avait dérangée de son équilibre, elle est nécessairement ramenée à son niveau primitif en vertu de sa fluidité et de sa pesanteur. Le niveau ne s'élève ou ne s'abaisse en réalité, dans un bassin invariable lui-même, qu'autant que la masse d'eau vient à augmenter ou à diminuer. Mais alors le changement de niveau n'est pas un fait local : il a lieu, au contraire, dans toute l'étendue du bassin, proportionnellement à la quan-

tité d'eau ajoutée ou soustraite. Si la masse d'eau reste la
même et que le niveau cependant éprouve des modifications, cela ne peut provenir alors que du bassin, dont la
capacité se déforme, dont les parois, le fond, s'affaissant
en certains points, s'exhaussant en d'autres, font descendre
ou monter, en apparence, la surface du niveau.

Or on connaît des milliers de localités où, depuis les
temps historiques les plus reculés, le niveau des mers n'a
subi aucun changement. Tel écueil, tel rocher, effleurés
par le flot aux époques les plus anciennes où les archives
de la géographie puissent remonter, sont effleurés au
même niveau par le flot d'aujourd'hui. Ces jalons naturels
du nivellement des mers nous disent donc qu'après quarante siècles au moins, la masse des eaux n'a pas changé.
C'est là un fait que l'épreuve des âges a mis à l'abri du
moindre doute.

Si la configuration de la terre ferme, si le relief du sol
servant de lit aux océans, n'ont pas été eux-mêmes altérés,
on devrait alors retrouver partout la nappe des eaux
marines au niveau des plus anciennes observations. Loin
de là, les exemples surabondent de changements considérables dans les lignes de démarcation entre la terre ferme
et les eaux. Ici la mer s'est retirée, laissant à sec de
vastes plages, bientôt conquise par la végétation terrestre;
là, de grandes étendues de pays ont été submergées avec
leurs constructions, leurs forêts, leurs cultures. Mais il y
a là des apparences trompeuses : ce n'est pas la mer qui
change de niveau; c'est le sol, à tort regardé comme
inébranlable, qui manque de stabilité et produit lui-même
les accidents attribués à l'oscillation des mers. Il nous
faut reléguer au nombre des idées fausses la fixité prover-
biale du roc et l'inconstance de l'élément liquide. Depuis
la première aurore du monde, les mers roulent leurs flots
suivant un éternel niveau, et la terre, dite ferme, chaque
jour se soulève ou s'effondre quelque part.

2. Soulèvement lent de la Suède. — En 1731, l'Aca-
démie d'Upsal fit graver des entailles sur des rochers au
niveau de la mer. Au bout de quelques années, ces

entailles se trouvèrent de plusieurs centimètres au-dessus des eaux. Aujourd'hui plus d'un mètre les sépare de la nappe tranquille de la Baltique. Ce soulèvement graduel de la Suède doit avoir commencé à une époque très reculée, car dans l'intérieur des terres on retrouve, jusqu'à une quarantaine de lieues du rivage actuel, les caractères les plus frappants d'un sol sous-marin émergé. Ce sont des amas de coquillages identiques à ceux qui vivent actuellement dans la Baltique. On en trouve jusqu'à l'altitude de 70 mètres au-dessus du niveau de la mer. Si, de tout temps, l'émersion lente des terres scandinaves a conservé la valeur qu'elle a de nos jours, 1 mètre environ par siècle, ces coquillages nous apprennent que, depuis au moins soixante-dix siècles, se poursuit, dans la grande presqu'île, un mouvement du sol dont le dénouement peut se faire attendre encore de longs milliers d'années.

Dans le midi de la Suède, les choses se passent tout autrement : la mer gagne peu à peu sur la terre ferme, c'est-à-dire que celle-ci s'affaisse. Linné, en 1749, avait mesuré la distance d'un certain rocher à la mer; aujourd'hui, ce point de repère se trouve d'une trentaine de mètres plus rapproché du rivage qu'il ne l'était d'abord. Une tourbière formée de plantes terrestres est actuellement sous les eaux de la Baltique; dans toutes les villes maritimes de la Scanie, il y a des rues au-dessous du niveau des plus basses marées. Le mouvement lent de la Suède rappelle celui d'une planche qui, appuyée en son milieu, monte à l'une des extrémités et descend à l'autre.

3. Soulèvements et affaissements divers. — Le souvement lent de la presqu'île Scandinave est loin d'être un fait isolé. Dans le nord de l'Europe, le Spitzberg, l'Ecosse, le pays de Galles, les côtes septentrionales de la Russie, émergent aussi graduellement hors des eaux. Au Spitzberg, en particulier, des amas d'ossements de baleine et de coquillages pareils à ceux des mers actuelles, sont répandus sur le sol jusqu'à la hauteur de 45 mètres.

Autour de la Méditerranée n'est pas moins manifeste semblable émersion des terres. Les rives du golfe de

Gênes, la Corse, la Sardaigne, l'Archipel, les côtes de l'Anatolie, la partie de l'Afrique où se dresse le massif de l'Atlas, ont éprouvé des accroissements de relief. Tout porte à croire que le Sahara, depuis le golfe de la Sidre jusqu'au littoral faisant face aux Canaries, est un ancien bras de mer mis a sec par l'exhaussement. Ses nappes d'eau saumâtre, les *chotts*, sont les résidus de la mer disparue ; ses bancs de coquillages, semblables à ceux de la Méditerranée, témoignent de l'antique population marine. En quelques points, le sol est néanmoins resté au-dessous du niveau des mers actuelles, en formant d'abord des lacs salés qui, privés de toute communication, se sont évaporés sous les ardeurs du soleil et ont laissé comme témoins des couches de sel. On parle aujourd'hui de rétablir en partie cette mer saharienne par une coupure qui, pratiquée sur les confins de l'Algérie et de la Tunisie, mettrait en communication la Méditerranée avec les régions de niveau inférieur.

L'exhaussement des terres se constate en outre dans les autres parties du monde, en une foule de points. Les côtes de la Sibérie, le Kamtchatka, le Japon, plusieurs archipels de l'Océanie, notamment les Philippines et les îles Sandwich, tout l'énorme bourrelet de la Cordilière des Andes, les côtes du golfe du Mexique, l'Archipel des Antilles, le Labrador, Terre-Neuve, sont autant de régions qui gagnent en relief.

En d'autres points, au contraire, le niveau du sol s'abaisse. Nous avons déjà cité à ce sujet la pointe méridionale de la Suède. Mentionnons encore les rivages de la Prusse et des Pays-Bas, les côtes orientales de l'Australie, divers Archipels de l'Océanie, notamment celui qui porte le nom expressif d'îles Basses ; la région de l'embouchure de l'Amazone, l'extrémité méridionale du Groënland. La terre n'a donc pas l'inébranlable stabilité que nous sommes portés à lui attribuer ; constamment ont lieu çà et là des oscillations lentes ou brusques, qui exhaussent certains points et en affaissent d'autres.

4. Ruines du temple de Sérapis. — En un même lieu,

les oscillations terrestres peuvent amener à diverses reprises des changements de niveau, tantôt en plus, tantôt en moins, comme le prouve l'exemple classique des ruines du temple de Sérapis, près de Pouzzoles, dans le voisinage de Naples. Ces ruines consistent surtout en trois colonnes de marbre de 13 mètres de hauteur, reposant sur un sol baigné par les eaux de la mer. Comme ce temple, d'un grand luxe architectural, ne peut avoir été bâti de manière que la mer pénétrât dans son enceinte comme elle le fait aujourd'hui, il est visible d'abord que le sol a subi un affaissement depuis la construction de l'édifice. Mais il y a mieux : à partir de 4 mètres au-dessus du pavé, et sur une zone d'environ 3 mètres de largeur, ces colonnes sont criblées d'innombrables et profondes cavités de l'ampleur du doigt; partout ailleurs, le marbre est poli et sans altération aucune. Or ces perforations sont occupées, chacune, par un coquillage bivalve de la forme d'une datte et nommé *Lithodome*.

Quelques espèces de mollusques, telles que les Saxicaves, les Pétricoles, les Lithodomes, dont les noms (*qui creuse la pierre, qui habite la pierre*) indiquent assez les singulières mœurs, perforent les roches calcaires sousmarines et s'y creusent un habitacle d'où l'animal ne sort plus. Emprisonné dans sa cellule, agrandie à mesure que besoin en est, le mollusque n'a de rapport avec l'extérieur que par un étroit orifice, qui permet à l'eau de se renouveler et d'amener les particules nutritives nécessaires à la vie du reclus. Or, c'est précisément de pareilles cellules que les colonnes du vieux temple de Sérapis sont criblées; la coquille qui les occupe encore ne laisse aucun doute sur leur origine. De telles perforations n'ont pu évidemment être exécutées que sous l'eau. Donc le temple Sérapis, certainement construit sur un terrain non submergé, s'est trouvé plus tard enseveli dans la mer jusqu'à la profondeur d'environ 7 mètres; plus tard encore il a été remis à sec, mais sans gagner son premier niveau, car le pavé est encore submergé.

La conclusion de ces faits est évidente : le sol de Pouz-

zoles a oscillé sur ses bases, à deux reprises, et sans
brusque secousse, puisque trois colonnes du temple sont
encore debout; il s'est affaissé d'abord au moins de
7 mètres, à une époque inconnue; puis il s'est exhaussé,
peut-être à l'époque du soulèvement du Monte Nuovo; et
pendant ces altérations de niveau du rivage, la Méditerranée conservait à la même hauteur la nappe immuable
de ses eaux.

5. **Atolls**. — Les îles d'origine madréporique affectent

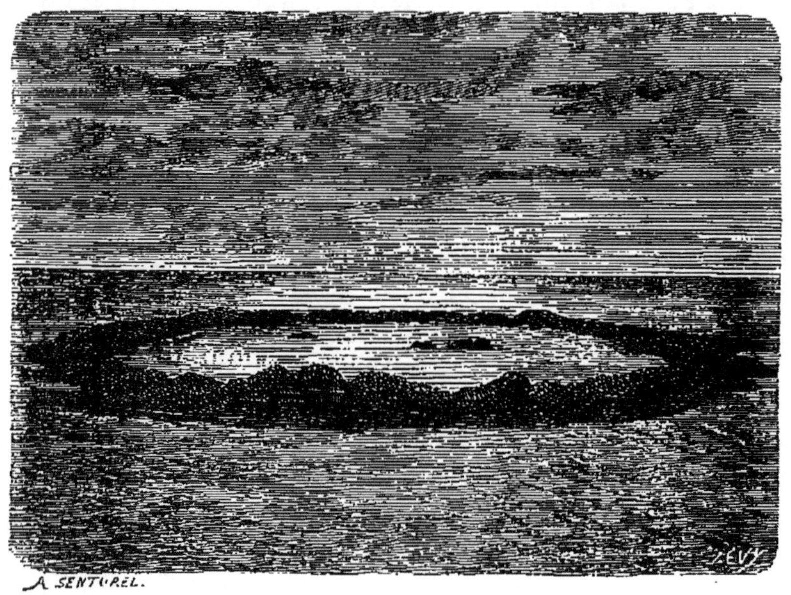

Fig. 17. — Vue d'une île madréporique.

la forme d'un croissant ou d'un anneau, dont le centre est
occupé par une lagune. Cet anneau et ce croissant tantôt se
composent d'une bande de terre continue, et tantôt d'une
série d'îlots, plus ou moins nombreux, plus ou moins
étendus, et reliés entre eux par des récifs également madréporiques. On donne le nom d'*atolls* à ces amas circulaires de coraux.

D'autres part, les polypes, pour vivre, ont besoin du
libre accès de la lumière; ils ne construisent qu'au voisinage de la surface des eaux. Malgré cet impérieux besoin

de la lumière, si rapidement éteinte dans les couches de
la mer, la sonde révèle d'anciennes constructions madréporiques à des profondeurs de quelques centaines et même
de quelques milliers de mètres. Jamais, dans pareils
abîmes, ces coraux n'ont été bâtis; c'est un travail fait à la
lumière de la surface.

Pour expliquer la forme circulaire des atolls, si singu-
lière et si constante, pour se rendre compte des madrépores observés à des profondeurs où les polypes ne
sauraient vivre, on admet l'interprétation suivante. —
Imaginons une île rocheuse, sommet émergé de quelque
montagne sous-marine. Tout autour, à fleur d'eau, les polypes bâtissent un récif annulaire, continu ou discontinu
suivant. la conformation du terrain qui leur donne appui.
Supposons, en outre, que le sol sous-marin, servant de
base à la montagne, s'affaisse peu à peu, avec une extrême
lenteur. L'écueil madréporique plongera davantage sous
les eaux; ses parties inférieures seront abandonnées
comme trop profondes; ses parties supérieures continue-
ront à être habitées et serviront de base à de nouvelles
constructions. Avec les progrès continuels de l'affaissement
du sol sous-marin, l'amas madréporique descendra toujours plus profondément dans les eaux, tandis que les polypes remonteront d'autant et se maintiendront en travail
à la surface. Enfin la pointe rocheuse centrale, dernier
vestige de la montagne, disparaît sous les eaux, laissant à
sa place une lagúne qu'entoure le croissant ou l'anneau
de madrépores.

Les atolls nous enseignent donc qu'en certains points au
fond des mers, sur des étendues immenses, se poursuit,
depuis une série inconnue de siècles, un affaissement
graduel, qui ensevelit sous les eaux les derniers sommets
de quelque vaste continent disparu. Les innombrables îles
et archipels de l'Océanie sont les lambeaux, les témoins
encore émergés de cette antique terre.

6. **Tremblement de terre de Lisbonne.** — L'erreur
où nous sommes en attribuant au sol une inébranlable
fixité est démontrée par les changements de niveau qui

s'effectuent avec lenteur en une foule de points de la terre;
elle trouve une démonstration plus saisissante encore
dans les commotions qui soudain ébranlent le sol dans de
vastes étendues, tantôt dans une région, tantôt dans une
autre, et prennent le nom de *tremblements de terre*.

Des tremblements de terre ressentis en Europe, le plus
terrible est celui qui ravagea Lisbonne le 1er novembre
1755. Rien n'annonçait un danger, quand éclata sous terre
une grande rumeur pareille au roulement continu du tonnerre; puis le sol, violemment secoué, tournoya, s'éleva,
s'affaissa, et la grande cité ne fut en un instant qu'un mon-
ceau de ruines et de cadavres. La population encore
debout, cherchant un refuge contre la chute des décombres, s'était retirée sur un vaste quai longeant la mer.
Tout à coup le quai s'engouffra sous les eaux, entraînant
avec lui la foule, les bateaux et les navires amarrés. Pas
une victime, pas un débris ne revint flotter à la surface.
En même temps, la mer, qui d'abord s'était retirée, reve-
nait, gonflant ses eaux à 15 mètres au-dessus du niveau
ordinaire, et lançait dans la ville ses flots furieux. A l'in-
cendie allumé dans les décombres se joignit donc l'inon-
dation, et la majeure partie de ce qui n'était pas encore
abattu disparut. En six minutes, soixante mille personnes
avaient péri.

Tandis que cela se passait à Lisbonne et que les montagnes du Portugal chancelaient, que leurs cimes étaient
brisées, la commotion atteignait l'Afrique. Maroc, Fez,
Mequinez étaient renversés. Presque au même instant, de
violentes secousses étaient ressenties depuis l'équateur
jusqu'au pôle nord. La Martinique, l'Afrique septentrionale, le Groënland, l'Europe entière jusqu'aux extrémités les plus reculées de la Laponie, eurent à peu
d'instants d'intervalle leurs secousses plus ou moins désastreuses. En mer même, on n'était pas à l'abri de la
commotion. Loin de toute terre, au milieu des eaux profondes, les vaisseaux furent rudement ébranlés, comme
s'ils eussent touché un écueil. Le fond de la mer parti-
cipait donc aussi à l'ébranlement général, puisque la tré-

pidation était transmise par l'intermédiaire des eaux jusqu'aux navires flottant à la surface.

7. Tremblement de terre de Caracas. — Si le tremblement de terre de Lisbonne est exceptionnel par son immense étendue, il en est malheureusement beaucoup d'autres qu'on peut lui comparer pour la grandeur des désastres. — En 1812, le sol de Caracas, dans l'Amérique du Sud, fut pris d'une violente convulsion et s'agita comme un liquide qui bout. En trois secousses qui durèrent cinq secondes, l'œuvre de destruction fut consommée. A la première, les cloches des églises se mirent à tinter; à la seconde, les toits des maisons s'écroulèrent avec fracas; et, avant qu'on se rendît compte de ce qui se passait, la troisième éclata. La ville n'était plus, ses dix mille habitants gisaient écrasés sous les ruines.

8. Tremblement de terre des Calabres. — En février 1783, commencèrent, dans l'Italie méridionale, d'interminables convulsions, qui ne finirent qu'au bout de quatre ans. La première année, on compta neuf cent quarante-neuf secousses; l'année suivante, cent cinquante-une. La commotion s'étendit dans les deux Calabres jusqu'à Naples, et dans une grande partie de la Sicile. Le principal foyer des désastres se trouva tout autour de la ville d'Oppido, dans un rayon de huit lieues.

La surface du pays ondulait sous les pieds; et, sur ce terrain sans équilibre, des nausées vous prenaient, pareilles à celles qu'on éprouve sur le pont d'un navire ballotté par les vents. A chaque ondulation, les nuages, immobiles en réalité, semblaient se déplacer brusquement ainsi qu'on l'observe en mer sur un vaisseau qui tangue violemment. Les arbres, dans une atmosphère en repos, s'inclinaient au passage de la vague terrestre.

9. Effets des tremblements de terre. — La première secousse du tremblement de terre des Calabres, celle du 5 février 1783, renversa en deux minutes la majeure partie des villes, villages ou bourgades compris entre la chaîne des Apennins et la Sicile, et bouleversa toute la surface du pays. En divers endroits, le sol crevassé de

fissures figurait, sur une immense échelle, les fentes d'un
carreau de vitre cassé. Des collines entières éclataient,
se partageant en deux; de grandes étendues de terrain
glissaient sur leurs pentes avec leurs champs cultivés,
eurs habitations, leurs vignes, leurs oliviers, et allaient
à des distances considérables recouvrir d'autres terrains.
Dans la petite ville de Polistina, plusieurs centaines de
maisons, entraînées ensemble avec le sol qui les portait,

FIG 18. — Fissure produite par le tremblement de terre des Calabres.

couraient s'écrouler dans un ravin à près d'un quart de
lieue plus loin. Les collines mêmes étaient arrachées de
leur place : on en cite qui, détachées des flancs d'une
vallée, furent transportées au milieu de la plaine et interceptèrent le cours d'une rivière. Ailleurs, l'appui souterrain manquait au sol, qui s'affaissait en larges gouffres;
ailleurs encore s'ouvraient de profonds entonnoirs pleins
de sable mouvant, ou se creusaient de vastes cavités bientôt converties en lacs par l'arrivée des eaux souterraines.

On estime que plus de deux cents lacs, étangs, marécages, furent ainsi soudainement produits. En certains points, le sol, délayé par les eaux détournées de leur cours ou amenées de l'intérieur par les crevasses, se convertit en torrents de boue, qui couvrirent des plaines ou remplirent des vallées. La cime des arbres et les toits des fermes en ruine dominaient seuls le niveau de cette mer boueuse.

Par moments, de brusques secousses ébranlaient le sol de bas en haut. La commotion était si violente, que les pavés des rues étaient arrachés de leurs cavités et sautaient en l'air. La maçonnerie des puits sortait tout d'une pièce de dessous terre, comme une petite tour chassée hors du sol. Quand la terre se soulevait en se fracturant, à l'instant maisons, gens, bestiaux étaient engloutis; puis, le sol s'abaissant, la crevasse se refermait, et, sans laisser de vestige, tout disparaissait, broyé entre les parois du gouffre rapprochées. Plus tard, lorsque après le désastre on fit des fouilles pour retrouver les objets de valeur enfouis, les ouvriers remarquèrent que les bâtiments engloutis et tout ce qu'ils contenaient, n'étaient plus qu'une masse compacte, tant avait été violente la pression de l'espèce d'étau formé par les deux bords des crevasses refermées.

10. **Phénomènes précurseurs.** — En général, rien dans l'état de l'atmosphère et dans l'aspect du ciel n'annonce les prochaines commotions du sol; mais, presque toujours, les tremblements de terre sont précédés de bruits souterrains, qui tantôt roulent, grondent, résonnent comme un cliquetis de chaînes entrechoquées, tantôt sont saccadés comme les éclats du tonnerre, ou bien retentissent avec fracas ainsi que d'immenses écroulements souterrains. Propagés par le sol, qui conduit le son mieux que l'air, ces bruits peuvent être entendus à de très grandes distances de leur point de départ.

Le fracas souterrain n'est pas toujours suivi d'une trépidation du sol. Ainsi en 1784, à Guanaxuato, dans le Mexique, on entendit, pendant une quarantaine de jours, des mugissements souterrains entrecoupés de détonations

violentes, qui firent croire à l'imminence d'un tremblement de terre. Épouvantés, les habitants s'empressèrent
de fuir la ville. On eût dit que, dans le sol, s'était dé-
chaînée quelque tempête accompagnée de grands coups
de tonnerre. Dans les galeries des mines du voisinage, à
cinq cents mètres de profondeur, les mêmes détonations
s'entendaient monter du sein de la terrre, plus reten-
tissantes qu'à la surface. Ces tonnerres souterrains avaient
donc leur cause plus bas. Peut-être provenaient-ils des

Fig. 19. — Fissure étoilée produite par le tremblement de terre des Calabres.

fluctuations de quelque nappe de lave se heurtant à la
voûte solide du sol ; peut-être résultaient-ils d'écroulements intérieurs et de craquements de roches brisées.
Quoi qu'il en soit, les habitants de Guanaxuato en furent
quittes pour la frayeur : les grondements souterrains s'a-
paisèrent sans être suivis de commotion.

11. Ondulations terrestres. — La cause des tremblements de terre est encore fort obscure et paraît être mul-
tiple. Il est d'abord incontestable que les forces volcaniques sont en jeu dans un grand nombre de commotions

du sol. La terre tremble toujours au voisinage d'un volcan lorsqu'une éruption se prépare. Le choc des laves se heurtant à des parois solides, l'expansion soudaine de vapeurs à force élastique illimitée, doivent produire, sur une immense échelle, les effets de l'explosion d'une mine sous terre. De là un choc de bas en haut, et, autour du centre de commotion, une série d'ondulations, qui se propagent dans le sol de la même manière que se pro- pagent les ondes liquides autour du point ébranlé par la chute d'une pierre sur une nappe d'eau. La nature peu flexible du sol donne à ces vagues terrestres peu de relief, mais une grande ampleur; on les sent passer sous ses pieds, on voit parfois les arbres et les édifices les accuser par leur balancement; néanmoins il est bien rare que la vue puisse les constater. Leur vitesse de propagation varie suivant la constitution du terrain, la nature des roches, l'agencement des montagnes et des vallées. Dans un trem- blement de terre de la Calabre, en 1857, elle a été re- connue de 236 mètres par seconde. Dans d'autres commo- tions, elle aurait dépassé 800 mètres.

Si l'on ne peut révoquer en doute l'action volcanique dans beaucoup de tremblements de terre, il en est d'autres où cette action n'intervient certainement pas. Peut-être alors la commotion est due à des effondrements dans les profondeurs de la terre, à des ruptures de roches qui, manquant d'appui, par l'effet de la corrosion incessante des eaux souterraines, s'écroulent et se tassent en assises plus stables. Peut-être faut-il invoquer ici la réaction de la masse centrale et fluide du globe contre son enveloppe solidifiée. Quoi qu'il en soit, si les tremblements de terre désastreux sont heureusement assez rares, les oscillations inoffensives sont au contraire très fréquentes; et, à l'aide d'instruments d'une grande sensibilité, on peut constater que la terre est dans un état presque permanent de tré- pidation.

12. Changements dans le relief du sol. — A la suite de pareilles perturbations, le relief du sol peut changer. Ainsi les commotions souterraines qui, en 1822, 1835 et

1837, ravagèrent le Chili, ont très sensiblement soulevé le rivage depuis Valdivia jusqu'à Valparaiso, c'est-à-dire sur une longueur de plus de 200 lieues. Des rochers, jusque-là en tout temps couverts par les eaux, se sont élevés de 2 à 3 mètres au-dessus du niveau de l'Océan, avec leurs touffes d'algues et leurs bancs de coquillages. En quelques points, la quantité de poissons mis à sec fut si considérable, que des étendues de quelques hectares en étaient jonchées et infectaient le pays de leurs miasmes pestilentiels. On estime que la seule commotion de 1822 ébranla le sol du Chili sur une surface de 13000 lieues carrées et en exhaussa le relief d'un mètre en moyenne; de sorte que la masse des matériaux ajoutés ainsi au continent américain, ou plutôt que la masse soulevée au-dessus du niveau des eaux équivaut à cent mille fois la grande pyramide d'Égypte, le plus colossal monument que l'humanité ait jamais élevé.

Bien au large, le fond de la mer prit aussi part à l'exhaussement. A une quarantaine de lieues des côtes, un navire baleinier ressentit un choc d'une violence extrême qui le démâta. La sonde, là où ce même navire avait deux années avant jeté l'ancre, accusa deux mètres et demi de moins dans la profondeur. Au milieu de la baie de la Conception, les vaisseanx ancrés par 13 mètres de profondeur échouèrent subitement. Le flot écoulé suivant de nouvelles pentes s'était dérobé sous eux. Enfin, en divers points où les plus forts navires passaient d'abord sans obstacle, la navigation est rendue aujourd'hui impossible par de hauts-fonds à fleur d'eau.

13. Failles. — Les dislocations du sol, provoquées aujourd'hui soit par les forces volcaniques, soit par des effondrements en des points que les eaux ont fouillés, soit par la réaction des matériaux fluides et ignés de l'intérieur du globe, soit pour toute autre cause, ont eu lieu çà et là, en une infinité de points, à toute époque, depuis que la planète possède son écorce solidifiée et sa ceinture d'océans. Quelle que soit la nature du terrain, les couches superposées qui le composent présentent à l'observateur des preuves incontestables de rupture. Ce sont les *failles* ou brusques changéments dans le niveau de ces couches. Considérons la figure 20 qui reproduit une disposition fréquente dans les assises terrestres. Il est visible que ces couches, caractérisées chacune soit par sa nature minérale, soit par les fossiles qu'elle renferme, n'avaient pas dans l'origine l'arrangement actuel; elles se continuaient, d'une extrémité à l'autre, sans interruption, sans brusque altération de nivellement. Pour expliquer le désordre survenu, un seul motif peut être invoqué, et tellement évident, qu'il s'impose de lui-même. Deux ruptures se sont déclarées à travers l'épaisseur du terrain,

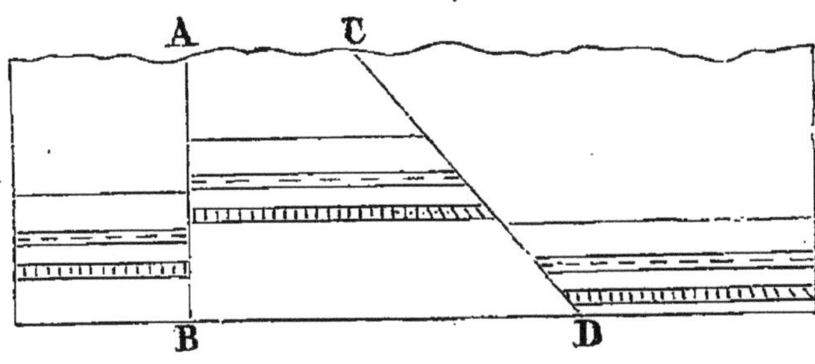

FIG. 20.

l'une suivant AB, l'autre suivant CD; la partie centrale a été un peu soulevée, ou bien encore les parties latérales se sont affaissées, soit de la même quantité, soit de quantités inégales; et par suite les tronçons de couches sont maintenant répartis à des niveaux divers. Quand elle est mise à découvert, la ligne de cassure, la faille, présente des surfaces polies, striées verticalement, signe certain du glissement d'une partie contre l'autre.

De pareils dérangements ne sont pas rares dans les couches, dans les filons qu'exploite l'industrie minière. C'est ainsi que le mineur voit, par exemple, brusquement se terminer un lit de houille. Poursuivre le travail dans la même direction est inutile, l'assise du combustible n'est plus là; mais en suivant la faille, il la retrouve, soit au-dessus, soit au-dessous du niveau primitif.

DEUXIÈME PARTIE

NOTIONS SUR LES PRINCIPALES ROCHES, LES PRINCIPAUX TERRAINS ET LES PRINCIPALES PÉRIODES GÉOLOGIQUES

CHAPITRE PREMIER

ROCHES IGNÉES ET ROCHES DE SÉDIMENT. — FOSSILES

1. Chaleur centrale de la terre. — Les observations du thermomètre au fond des mines, les puits artésiens, les sources thermales, les volcans, nous apprennent la haute température de l'intérieur du globe. En admettant, comme l'ensemble des observations autorise à le faire, que la température souterraine augmente avec la profondeur, à raison de 1° pour 30 mètres, on arrive aux conclusions suivantes : A 3 kilomètres au-dessous du sol, la chaleur doit atteindre 100°, température de l'eau bouillante; à 21 kilomètres, 700°, ou la température du fer rouge; à la profondeur de 12 lieues, elle doit être de 1 600°, point de fusion du fer; enfin, à la profondeur d'une vingtaine de lieues, la chaleur doit maintenir en fusion toutes les matières minérales à nous connues. Si la loi reste la même jusqu'au centre de la terre, éloigné de 1 600 lieues de la surface, il devrait régner en ce point une température de 210 000 degrés, plus que centuple de la chaleur la plus violente que nous sachions nous-mêmes produire.

Mais rien n'autorise à croire que la température augmente toujours. Quand la chaleur est suffisante pour produire la fusion, il doit s'effectuer un équilibre général; et à partir de la profondeur où règne une température de

2 000 à 3 000°, à laquelle rien ne résiste, il s'établit sans
doute une chaleur uniforme dans les parties plus profondes.
Peu importe, après tout, notre incertitude à ce sujet ; ce
qu'il nous faut remarquer, c'est qu'à la profondeur d'une
douzaine de lieues la chaleur suffit et au delà pour tenir
en fusion la grande majorité des matières minérales.
Cela étant, on doit se figurer la terre comme composée
d'un globe de matières liquéfiées par le feu et d'une faible
enveloppe, d'une écorce solide reposant sur cet océan
central de minéraux en fusion. Sur une sphère géographique de 133 millimètres de rayon, l'écorce solide de la

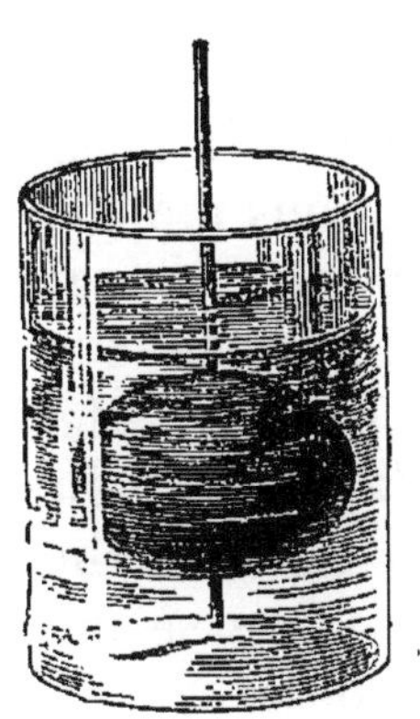

Fig. 21.

terre serait représentée par une feuille de carton épaisse
de 1 millimètre.

2. **Expérience de Plateau.** — Des considérations d'un
autre ordre, que nous allons développer, conduisent aux
mêmes conséquences. Une masse liquide, jouissant dans
toutes ses parties d'une complète mobilité et soumise uniquement à l'attraction mutuelle de ses molécules, prend
d'elle-même la forme sphérique, la seule qui par sa symétrie, sa régularité, son identité dans tous les sens,
puisse également résister de toutes parts et maintenir en
repos, par un antagonisme parfait, les attractions en jeu
dans la masse fluide. C'est ainsi qu'une goutte d'eau, qu'une
goutte de mercure, sont des globules ronds. Mais l'attrac-

tion terrestre, la pesanteur, à laquelle rien de matériel n'est soustrait, empêche les liquides de prendre, en masse un peu considérable, la configuration sphérique, parce qu'elle les écrase sous leur propre poids. Pour neutraliser les effets de la pesanteur, on a recours à l'artifice suivant.

Versée dans de l'eau, l'huile vient surnager; dans de l'alcool, elle gagne le fond. Elle est plus légère que l'eau, plus lourde que l'alcool. Mais dans un mélange convenable d'alcool et d'eau, l'huile reste suspendue au milieu du liquide et de plus se conglobe en une sphère de la grosseur d'une orange. Mollement suspendue au sein du liquide qui, de partout, lui prête son appui, la bulle d'huile est comme soustraite à l'action de la pesanteur et prend, en conséquence, la forme sphérique. Ainsi, par le seul jeu de ses attractions moléculaires, une masse fluide, sur laquelle rien d'extérieur n'agit, se configure en sphère et persiste dans cette forme tant qu'elle est au repos; mais animée d'un mouvement de rotation sur elle-même, elle se déforme d'après certaines lois que nous allons examiner.

Supposons le globe d'huile, suspendu dans de l'eau alcoolisée, traversé en son milieu par une longue aiguille verticale ou axe, qu'un mécanisme d'horlogerie fait tourner rapidement sur elle-même sans secousse. Par l'effet du frottement, l'axe entraîne peu à peu la sphère huileuse et lui communique son mouvement révolutif. Or, dès que la sphère liquide tourne, on la voit s'aplatir aux points où l'axe la traverse, c'est-à-dire à ses deux pôles de révolution, et se renfler tout autour de sa région moyenne, c'est-à-dire de son équateur (fig. 21). D'ailleurs, l'aplatissement polaire et le renflement équatorial sont d'autant plus prononcés que la rotation est plus accélérée.

Les mêmes déformations se manifestent dans les corps flexibles soumis au mouvement rotatoire. Des cercles d'acier (fig. 22), fixés inférieurement à un axe et pouvant glisser supérieurement le long du même axe, tournent rapidement au moyen d'un jeu de poulies. A mesure que la rotation s'accélère, ils s'aplatissent aux pôles de révolution et se renflent dans le sens perpendiculaire à l'axe.

3. Anneau équatorial. — Revenons au globe d'huile tournant sur lui-même. Suivant son équateur se forme d'abord un bourrelet saillant, un renflement. Si la rotation s'accélère encore, ce bourrelet se détache tout d'une pièce et forme un anneau indépendant au centre duquel se trouve, sans le toucher, la sphère huileuse amoindrie. L'anneau d'ailleurs continue à tourner dans le plan de l'équateur; il accompagne exactement la sphère centrale dans son mouvement, comme si les deux corps n'en faisaient qu'un, et il l'accompagnerait toujours si la résistance du

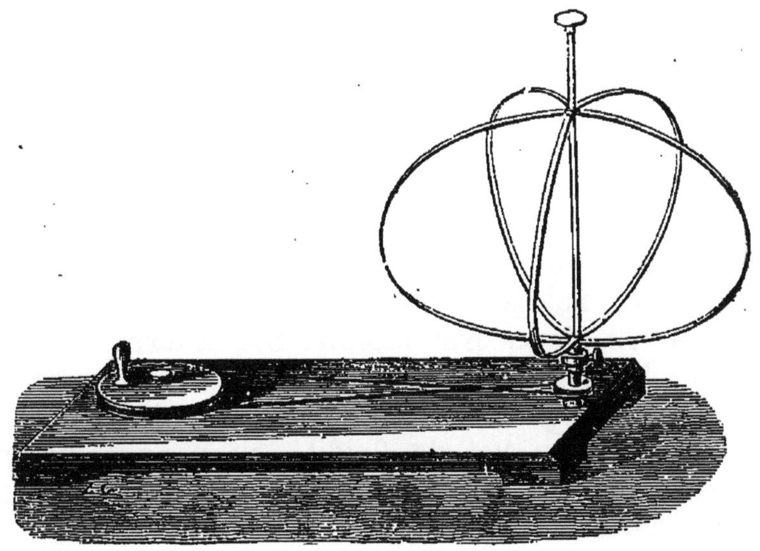

Fig. 22.

liquide où ces choses se passent ne lui enlevait peu à peu sa vitesse que l'axe, sans rapport maintenant avec lui, ne peut plus lui restituer comme il continue de le faire pour la sphère qu'il traverse. Tous ces faits, aplatissement polaire, renflement équatorial, anneau détaché de ce renflement, reconnaissent une même cause, la *force centrifuge*, qui résulte du mouvement rotatoire. Cette force est d'autant plus grande, que la rotation est plus rapide et l'éloignement de l'axe plus considérable.

4. Applications au système du monde. — La terre

6.

est ronde. C'est là un premier trait de ressemblance avec
le globe d'huile de l'expérience de Plateau. Elle tourne sur
elle-même, et elle est aplatie à chaque pôle d'une quantité égale à $\frac{1}{299}$ de son rayon, c'est-à-dire de cinq lieues.
Second trait d'analogie avec la sphère liquide tournant autour d'un axe. Elle est renflée à l'équateur d'une quantité
équivalente à l'affaissement polaire. Troisième trait de
ressemblance. La terre aurait-elle donc débuté par l'état
fluide? sa forme sphérique, ses déformations équatoriales
et polaires reconnaîtraient-elles pour cause la mécanique
d'une goutte d'eau ? ou bien, à tous les âges, a-t-elle pré-
senté l'état et la forme qu'elle a aujourd'hui ?

Si l'aplatissement polaire résulte réellement d'une loi
mécanique, les autres planètes doivent être aussi défor-
mées aux pôles, puisqu'elles tournent toutes sur elles-
mêmes, et cette déformation doit être d'autant plus grande
que leur rotation est plus rapide. Sur Saturne et Jupiter,
globes colosses dont la rotation diurne s'opère en une dizaine d'heures, la vitesse des points de l'équateur est
de 150 à 200 lieues par minute. Sur la terre, elle n'est
que de 7 lieues. Avec pareille vitesse, la force centrifuge
doit y être très grande, et si jamais ces planètes se sont
trouvées dans un état de fluidité, ou pour le moins de
plasticité convenable, les déformations équatoriales et
polaires ont dû s'accentuer démesurément.

Et en effet, à l'aide des lunettes télescopiques, les
disques de Saturne et de Jupiter se montrent tellement
aplatis dans le sens de l'axe de rotation, que l'observateur
le plus superficiel en est tout de suite frappé. Ces disques ne sont pas arrondis, ils sont ovalaires; la force centrifuge les a en quelque sorte écrasés. L'affaissement polaire est de 1/16 du rayon pour Jupiter, de 1/10 pour
Saturne; il est plus grand encore pour Uranus et s'élève
à 1/9. Quant à la déformation des autres planètes, Mars,
Vénus, Mercure, et enfin de notre satellite, la Lune, elle
est très faible comme celle de la Terre, à cause du peu de
rapidité de rotation de ces astres; et la distance la rend
presque insensible pour nous. En présence de ce fait gé-

néral, le soupçon fait place à la certitude : la Terre et les autres planètes ont passé par un état de fluidité qui, par les actions réunies de l'attraction moléculaire inhérente à toute manière et de la force centrifuge résultant de leur rotation, a modelé leur forme.

5. **Anneau de Saturne.** — La particularité la plus étrange de notre système solaire est, sans contredit, le satellite annulaire de Saturne. Un immense anneau, mince et plat, entoure cette planète dans le sens de son équateur, sans aucune adhérence avec elle. Cet anneau est opaque,

Fig. 23. — Saturne et son anneau.

car il projette son ombre sur le disque de la planète ; on le soupçonne de nature fluide, car on y voit parfois des traces de subdivisions accidentelles. Enfin il tourne autour de la planète centrale, et la durée de sa révolution est la même que celle de la planète, comme si les deux corps ne faisaient qu'un. La science du mouvement démontre même que cette parité de vitesse rotatoire est indispensable à la conservation de l'édifice annulaire, qui s'écroulerait sans cela sous les efforts de la pesanteur et accablerait la planète de ses gigantesques ruines.

En admettant la fluidité originelle de la planète, l'anneau perd sa bizarrerie étrange pour rentrer dans les lois élémentaires de l'équilibre des liquides. Saturne, en tournant sur son axe, s'est écrasé aux pôles et renflé à l'équateur en un bourrelet circulaire qui, détaché par la force centrifuge, a été abandonné dans l'espace en arrière de la planète sous forme d'un anneau conservant le mouvement révolutif de l'astre générateur; de même que s'aplatit et que s'entoure d'un anneau détaché de sa masse la sphère liquide de l'expérience de Plateau.

6. **Fluidité originelle de la Terre.** — La forme ronde de la terre, l'affaissement polaire et le renflement équatorial, trouvent leur explication dans l'équilibre d'une masse liquide tournant autour d'un axe. D'autre part, l'étude de la température de la terre, croissant avec la profondeur, ainsi que viennent de nous l'apprendre les mines, les sources thermales, les puits artésiens, établit que notre planète est formée d'un globe de matière liquéfiée par le feu et d'une mince écorce solide reposant sur cet océan central de minéraux en fusion. De là à admettre la fluidité totale primitive de la Terre, il n'y a qu'un pas. L'écorce aujourd'hui solidifiée n'est devenue telle que par le refroidissement. Ces roches compactes qui forment les assises du sol, ces granits, charpente des continents, ont coulé, dans les anciens âges, aussi fluides que la fonte à l'issue de la fournaise. Avant de se dresser dans la région des nuages, la matière des montagnes a fait partie d'un océan de minéraux liquéfiés.

7. **Formation du relief du sol.** — Sur le globe de matériaux fondus par le feu, une écorce solide se forma par l'effet du refroidissement, qui se propage, avec une extrême lenteur, de la surface vers le centre. A peine cette écorce terrestre fut-elle ébauchée, que s'éveilla la réaction de la masse fluide centrale contre l'enveloppe solidifiée. De cette réaction sont nées les rides de la Terre, les reliefs des continents et les dépressions occupées par les mers, les chaînes de montagnes et les vallées qui les séparent. Or, ce mécanisme, qui graduellement a façonné la Terre telle qu'elle est aujourd'hui, nous en retrouvons l'image exacte dans une pomme qui se ride.

. Récemment cueillie, une pomme est toute lisse, tout unie à la surface ; la peau, exactement appliquée sur la chair gonflée de sucs, ne présente aucun pli ; plus tard, les liquides dont la chair est imprégnée s'évaporent en partie, et la pomme, en perdant de sa substance, diminue. de volume. La peau, de son côté, n'éprouve pas de contraction concordante avec celle de la chair, par la raison que la matière aride dont elle se compose ne cède à peu près rien à l'évaporation. Si la pellicule épidermique conserve son étendue superficielle, tandis que la chair du fruit se contracte, il est visible qu'à un certain moment l'enveloppe sera trop grande pour la chose enveloppée, et que, pour suivre dans son retrait la chair à laquelle elle adhère, la peau devra se plisser, se rider. Ainsi de tout temps a fait l'écorce de la Terre : elle s'est ridée comme la peau d'un fruit qui vieillit, mais pour d'autres causes.

8. **Effets de l'inégale contraction.** — La contraction amenée par la perte de chaleur est plus considérable pour les corps liquides que pour les corps solides. La masse liquide centrale du globe, en déperdant peu à peu sa chaleur dans l'espace, se contracte donc plus que ne le fait son écorce solide ; et si minime que soit la différence entre les progrès des deux contractions, l'appui de la matière en fusion doit manquer tôt ou tard à la voûte solidifiée. Alors de deux choses l'une : ou bien la voûte assez flexible s'affaisse jusqu'au niveau actuel du noyau fluide et se plisse en larges ondulations ; ou bien, si la flexibilité lui manque, elle se déchire sous son propre poids non équilibré, elle se disloque en fragments qui regagnent l'appui fluide. Trop étendus pour la nouvelle surface occupée, ces fragments s'ajustent mal, empiètent un peu l'un sur l'autre, dressent ici leurs arêtes de rupture au-dessus du niveau moyen, les plongent plus loin au-dessous de ce même niveau, et produisent par les irrégularités, légères d'ailleurs, de leurs rapports respectifs, tous les accidents possibles de la surface du globe : chaînes de montagnes, croupes des collines, plateaux élevés, plaines, vallées, dépressions occupées par les mers.

En reportant l'esprit aux masses colossales des principales chaînes de montagnes, on hésite d'abord à n'y voir que de légères rides, de faibles irrégularités produites par la contraction de l'écorce terrestre; mais en les comparant à la masse du globe, tout le prestige s'évanouit, car la moindre ride sur l'épiderme d'une pomme est plus par rapport à ce fruit que la Cordilière des Andes et la chaîne de l'Himalaya relativement à la Terre.

9. **Influence de l'épaisseur de l'écorce terrestre.** — Du degré d'épaisseur et de solidité que présente l'écorce solidifiée dépendent la fréquence et la valeur des dislocations du sol. Mince et flexible, l'écorce terrestre doit, au moindre retrait de la masse fluide, se rider en plis onduleux de médiocre hauteur; plus épaisse et plus rigide, elle doit résister plus longtemps aux déformations; mais aussi, quand arrive le défaut d'équilibre, au lieu de se plisser, elle doit se fragmenter violemment et dresser suivant les lignes de rupture les flancs escarpés de ses couches brisées. Les rugosités de la Terre sont donc d'autant plus accentuées qu'elles sont plus récentes; et, en effet, l'observation apprend qu'aux premiers âges de notre globe correspondent les croupes arrondies de quelques collines de peu d'élévation; tandis qu'aux âges plus rapprochés de nous, se sont dressées les chaînes énormes des Andes et de l'Himalaya. Nous verrons bientôt comment on peut reconnaître avec certitude qu'une chaîne de montagnes est plus vieille qu'une autre, bien que les événements grandioses qui ont donné ses reliefs à la Terre soient antérieurs, et de beaucoup, à l'existence de l'homme.

10. **Lenteur des oscillations.** — Les fractures de l'écorce terrestre ne sont pas des accidents subits que rien ne prépare. Longtemps, autant que le permet sa flexibilité, l'enveloppe solide accompagne la matière fluide dans son mouvement de contraction; le sol, avec une lenteur que les siècles accumulés peuvent seuls rendre sensible, s'incline, fléchit, oscille, s'élevant en ce point du globe, s'abaissant en d'autres, ainsi que nous l'avons

reconnu au sujet de la presqu'île scandinave. Enfin la rupture a lieu suivant les lignes de moindre résistance. Alors les mers et les continents font un nouveau partage de leurs domaines respectifs; d'après la valeur de leurs niveaux modifiés, l'ancien lit des mers peut devenir terre ferme, et l'ancienne terre ferme peut devenir lit des mers. Enfin, l'ordre se rétablit, et une nouvelle période de calme commence, pour se terminer tôt ou tard par un accident pareil. Bien souvent déjà la Terre a éprouvé des disloca- tions pareilles qui, modifiant sa surface, déplacent les continents et les mers ; car les traces du séjour de l'Océan se retrouvent partout.

11. Apparition des matériaux de l'intérieur à la surface. — Lorsque dans l'épaisseur de l'écorce ter- restre un déchirement a lieu, la matière fluide centrale, refoulée par la pression des couches solides qui surnagent, est injectée de bas en haut dans les fissures produites et remonte plus ou moins haut, parfois même jusqu'à la surface, où elle s'épanche en puissantes coulées, ou bien s'amoncelle en buttes, en bourrelets, au-dessus de la cre- vasse qui lui a servi de cheminée d'ascension. Ainsi ont surgi les matériaux souterrains qui forment aujourd'hui l'épine de diverses chaînes de montagnes et se dressent en dentelures abruptes de granit.

Cette injection des matières centrales à travers les couches de toute nature de l'écorce terrestre a eu lieu en telle abondance à tous les âges de la Terre, qu'aujourd'hui la moitié du sol que nous foulons aux pieds se compose de roches venues de l'intérieur à l'état de fusion. L'autre moitié a pour origine, comme nous allons le voir, les dépôts effectués par les eaux.

Les chaînes de montagnes sont donc des bourrelets formés, suivant les lignes de fracture de l'écorce ter- restre, soit par l'injection de bas en haut des matières souterraines en fusion, soit par le plissement et le redres- sement des couches déjà consolidées. C'est suivant ces lignes de fracture que les tremblements de terre se font ressentir avec plus de violence, parce que la résistance de l'enveloppe solide du globe y est moindre que partout ailleurs; c'est suivant ces lignes que se montrent les sources thermales, parce que la chaleur souterraine s'y propage aisément par les crevasses; enfin, c'est sur ces lignes que s'échelonnent les volcans en rangées irrégulières, comme autant de cheminées qui, dressées sur une même fente, mettent l'intérieur de la terre en communication permanente avec l'extérieur.

12. **La mer primitive.** — A l'origine, lorsque la terre était un globe de feu, l'existence des eaux à la surface était impossible. Les matériaux de la mer future flottaient donc dans l'atmosphère en immense entassement de vapeurs. Une époque vint où le refroidissement fut assez avancé pour permettre la condensation de ces vapeurs et la précipitation des eaux. La surface entière de la terre se trouva alors couverte par la mer, mer étrange dont les eaux, brûlantes et épaissies par des limons de toute nature, formaient sans doute comme une purée minérale. Au contact des eaux précipitées de l'atmosphère avec une haute température, l'écorce calcinée de la terre fut profondément corrodée; les principes de ses roches primitives se désunirent et furent dissous ou balayés. En même temps des fluctuations violentes brisaient, pulvérisaient ce qui ne pouvait se dissoudre. De là résultèrent des masses énormes de sables, de graviers, d'argiles, de boues, de limons, qui firent de l'Océan un réceptacle de vase brûlante. Enfin quand la diminution de température eut affaibli le pouvoir dissolvant des eaux, cette vase se déposa graduellement et forma, sur le sol primitif, les premières assises dues à l'action des eaux.

Vers cette époque, la terre ferme commença à émerger de sein de l'océan universel. L'écorce terrestre, se ridant, se fracturant toujours davantage, souleva les premières terres au-dessus des eaux. Ces premières terres mises à sec étaient loin d'avoir l'étendue que les continents possèdent aujourd'hui; elles consistaient en quelques récifs, en de rares archipels, sommets des rugosités les plus saillantes alors. La majeure partie du sol actuel devait

longtemps encore, rester sous les eaux, pour en sortir peu
à peu, à toute époque, même de nos jours, comme l'établissent les quelques exemples que nous avons cités.

13. Dépôts des mers. — Devenues limpides et peuplées d'animaux de toutes sortes après le dépôt de leurs boues primitives, les mers n'ont jamais cessé d'entasser au fond de leur lit les matières minérales arrachées au sol émergé par l'action des vagues ou apportées de l'intérieur des terres par les eaux courantes. Aux époques les plus reculées, comme de nos jours, l'Océan n'a pas discontinué de ronger ses rivages et d'en étaler les débris dans son lit; il n'a pas discontinué de recevoir de l'ensemble des cours d'eau un immense tribut de sable, de boues, de limons, qui, déposés dans ses profondeurs en même temps que les coquillages morts, se sont durcis en puissantes assises de pierre. Plus tard, les forces souterraines ont soulevé çà et là hors des eaux l'antique lit des mers et l'ont converti en terre ferme; aussi la charpente des continents est-elle aujourd'hui, jusque sur la cime des plus hautes montagnes, souvent pétrie de coquillages marins. L'écorce de la terre se compose ainsi de deux ordres de roches correspondant à la double action de l'eau et du feu.

14. Roches ignées fondamentales. — Les matériaux déposés par les eaux ont pour base, pour fondement, la première écorce minérale terrestre, celle qui s'est formée par le refroidissement seul, alors que la température du globe était encore trop élevée pour permettre le séjour et l'action des eaux à la surface. Quelle peut être la nature de ce premier lit des océans, de cette enveloppe figée autour de la masse fluide? Des roches siliceuses la composent incontestablement, parmi lesquelles peut-être le granit et autres roches similaires; toutefois, il est impossible de préciser davantage, l'observation directe faisant ici défaut. Des granits, des diorites, des porphyres et autres roches ignées sont bien remontées des profondeurs de la terre jusqu'à la surface en traversant les couches sédimentaires déjà formées, mais rien n'indique qu'ils constituent réellement la base sur laquelle reposent les assises dues à l'action des eaux. Un fait seul est hors de doute. Pour les roches de sédiment, sables, grès, argile, la matière prédominante est l'acide silicique ou quartz. Comme ces roches ne se sont formées qu'avec les débris d'autres roches préexistantes, on voit que le sol primitif, que la roche ignée fondamentale, doit avoir l'acide silicique pour élément principal. Des silicates divers composent donc l'enveloppe primordiale.

15. Roches stratifiées ou de sédiment. — Les matériaux de ces roches se sont déposés au fond des eaux, au fond des mers surtout, en couches horizontales régulières, en lits d'une épaisseur plus ou moins grande, ou, comme on dit encore, en *strates*. La succession de ces dépôts, tantôt calcaires, tantôt argileux ou sablonneux, a donc produit une suite d'assises superposées, les plus vieilles au fond, les récentes en haut. Horizontales tant que rien n'est venu les déranger de leur position originelle, ces couches, à la suite des dislocations de l'écorce terrestre, ont dû se redresser, s'incliner, mais en conservant toujours leur caractère fondamental, leur division en assises parallèles. Aussi, l'un des traits les plus saillants de la partie de l'écorce terrestre due à l'action des eaux, c'est d'être *stratifiée*, c'est-à-dire disposée en *strates*, en assises, plus ou moins régulières. Quant à l'expression de *roches de sédiment* ou *roches sédimentaires*, elle rappelle que les matériaux de ces roches sont les *sédiments* ou les dépôts des eaux.

Cette classe de roches comprend, en première ligne, le *calcaire;* en seconde ligne, les *argiles*, les *marnes*, les *sables*, les *grès*, les *cailloux roulés*. — Le *calcaire* est une combinaison de chaux et d'acide carbonique. Parmi ses nombreuses variétés, citons la pierre à chaux ordinaire, la craie, le tuf, la pierre à bâtir, le marbre. Toutes ces substances se reconnaissent à la vive effervescence qu'elles font au contact des acides, par suite du dégagement de leur gaz carbonique.

Les *argiles* sont composées de silicate d'alumine et proviennent, comme nous l'avons vu, de l'altération des roches siliceuses. Elle ont pour caractère de se laisser pétrir avec de l'eau et de former une pâte liante. Mélangées avec du calcaire pulvérulent, elles constituent les *marnes*.

Les *sables* et les *cailloux roulés* ne sont que des fragments de volume divers, arrachés par les eaux aux roches de toute nature, aux roches ignées comme aux roches de sédiment. Enfin les *grès* résultent de sables siliceux plus ou moins agglutinés par un ciment tantôt calcaire tantôt ferrugineux.

16. Roches ignées intercalées. — A travers les ruptures, les crevasses du sol primordial et des couches sédimentaires déjà déposées, les matériaux ignés de l'intérieur de la terre fréquemment se sont fait jour et ont été injectés plus ou moins haut, parfois jusqu'à la surface, où ils se sont amoncelés en buttes ou épanchés en nappes. De là un second ordre de roches, *intercalées* çà et là dans l'épaisseur des amas sédimentaires. On les nomme *roches ignées* pour rappeler leur état primitif de fusion par la chaleur ; on les appelle aussi *roches éruptives*, parce qu'elles ont fait éruption, à l'état fluide ou pâteux, de l'intérieur du globe à la surface.

Les roches de sédiment ont pour caractère essentiel leur disposition en assises régulières, en strates ; les roches ignées ne présentent rien de pareil. Injectées de bas en haut à travers les couches sédimentaires, qu'elles ont bouleversé sur leur passage, elles se dressent en pics, en aiguilles, en murailles dentelées ; ou bien elles s'arrondissent en dômes, en buttes coniques, en mamelons ; ou bien encore elles constituent des filons, des amas informes ; mais, dans aucun cas, elles ne sont étagées par assises régulières. En un mot, elles ne sont pas stratifiées.

La figure 24 résume ces dispositions des deux ordres de roches. En M est la roche éruptive qui, se dressant en un pic, a dérangé de l'horizontale et soulevé avec elle les deux assises sédimentaires *f* et *g*. M' est un filon de la même roche injecté à travers les assises sédimentaires ; M" est un amas également éruptif, enclavé dans des couches déposées par les eaux. Enfin *a*, *b*, *c*, *d*, *e*, sont autant d'assises sédimentaires qui, postérieures à l'éruption de la masse M, n'ont pas été dérangées de l'horizontale.

Les roches ignées intercalées se composent uniquement de divers silicates, combinaisons de l'acide silicique avec des bases de nature fort variable : potasse, soude, chaux, magnésie, alumine, oxyde de fer et autres. Toutes sont des mélanges à proportions variables de quelques-uns des éléments minéralogiques suivants : *quartz, feldspath, mica, amphibole*.

Le quartz n'est autre chose que l'acide silicique. C'est une substance vitreuse, étincelant sous le briquet, tantôt

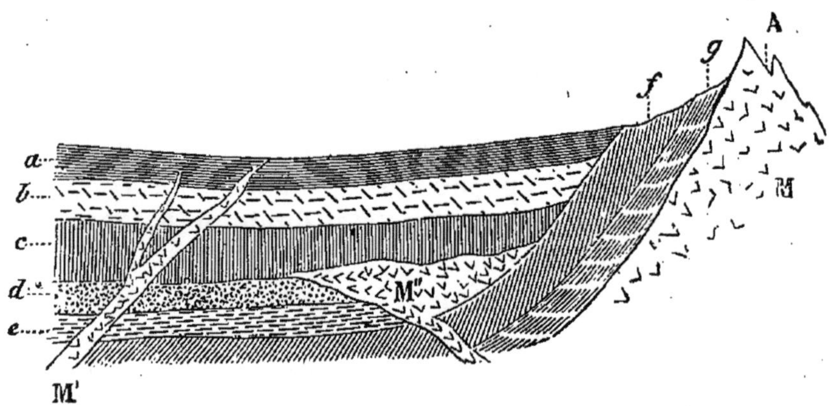

FIG. 24. — Disposition des roches sédimentaires et des roches éruptives.

incolore et diaphane, comme dans le *cristal de roche*, tantôt plus ou moins opaque et colorée de teintes diverses par des matières étrangères, comme dans la *pierre à fusil*, le *silex*, l'*agate*. — Le genre feldspath comprend divers silicates alumineux doubles, c'est-à-dire associant au silicate d'alumine un silicate d'une autre base. Le plus remarquable est l'*orthose* ou silicate d'alumine et de potasse. L'orthose est généralement blanc, opaque et d'un aspect un peu satiné. Ses cristaux, parfois volumineux, ont la forme de tablettes quadrangulaires. — Le mica, dont le nom signifie briller, est un silicate alumineux double, renfermant du fluor. Il se compose de fines écailles, brillantes, tantôt semblables à des paillettes d'or ou d'argent, ce qui souvent l'a fait prendre pour une matière précieuse; tantôt noires, vertes, roses, rouges ou violettes. — Enfin l'amphibole est un silicate très complexe, renfermant de la silice, de l'alumine, du fer, de la chaux, de la magnésie. Elle cristallise d'ordinaire en petites baguettes fibreuses d'un noir brillant.

Les *granits* sont les mélanges de quartz, de mica et de feldspath, confusément groupés en une masse granulaire. — Lorsque ces trois substances sont réunies par feuillets entremêlés, la roche prend le nom de *gneiss*. — Elle porte la dénomination de *micaschiste* lorsque le quartz et le mica entrent seuls dans sa composition et que sa structure est feuilletée. Les granits et les gneiss sont les roches éruptives les plus abondantes.

On nomme *porphyres* des roches uniquement feldspathiques, qui, au sein d'une pâte homogène rouge, brune, verte, noire ou d'une autre couleur, présentent des taches en parallélogrammes, plus claires, souvent blanches et formées par des cristaux d'hortose.

Les *syénites*, par leur aspect, rappellent le granit. Leur nom est tiré de la ville de Syène, en Égypte, où ces roches sont abondantes. L'antique Égypte a fréquemment employé ce genre de roche pour ses indestructibles constructions. Les syénites sont formées d'un mélange de cristaux d'orthose, d'amphibole et de quartz. Elles ne diffèrent du granit qu'en ce que l'amphibole y remplace le mica.

Les *diorites* résultent du mélange du feldspath et de l'amphibole, tantôt distincts, tantôt intimement confondus, en une masse d'apparence homogène. Dans le premier cas, les diorites ont l'aspect du granit.

Pour terminer ce rapide aperçu, rappelons les roches que nous avons déjà décrites comme se rattachant aux éruptions volcaniques de l'époque actuelle, savoir : les *laves*, les *basaltes*, les *trachytes*.

17. Présence ou absence de fossilles. — Les roches sédimentaires contiennent très souvent, et en abondance, les débris pétrifiés des êtres organisés, animaux ou plantes, qui ont vécu au sein des eaux où le dépôt de ces roches s'est formé, ou qui, vivant sur la terre ferme, ont eu leurs restes charriés dans les mers et les lacs par les eaux courantes. C'est ce qu'on nomme des *fossiles*. Les plus abondants sont des coquillages qui, par leur nature pierreuse, ont mieux résisté à la destruction. Leur nombre est si considérable, que parfois la roche en est presque entièrement formée.

De pareils débris ne se trouvent jamais et ne peuvent évidemment se trouver dans les roches éruptives, venues à l'état de fusion du foyer souterrain.

En résumant les caractères différentiels des deux ordres de roches, nous concluerons ainsi : Les roches ignées ont surgi, en fusion, de l'intérieur du globe à la surface, en traversant l'écorce minérale déjà formée. Elles sont toujours disposées en amas irréguliers; jamais elles ne renferment de fossiles. Elles se composent de divers silicates, et par conséquent ne font pas effervescence avec les acides.

Les roches de sédiment se sont formées à la surface de la terre avec les matériaux divers déposés par les eaux et arrachés au sol préexistant. Elles sont disposées en assises régulières ou strates. Très souvent elles renferment des fossiles. Pour la majeure partie, elles se composent de calcaire, et font alors effervescence au contact des acides.

18. Age relatif des soulèvements. — Au fond des mers se sont amassés, de tout temps, des débris minéraux de nature variée, qui, agglutinés, durcis par les siècles, se sont convertis en couches horizontales de roc. Ces couches, dont l'épaisseur est généralement fort considérable, diffèrent entre elles par leur nature minérale, tantôt calcaire, tantôt argileuse, tantôt sablonneuse; elles diffèrent aussi par les espèces de coquillages pétrifiés qu'on y rencontre et autres restes d'être organisés, parce que les populations marines, de même du reste que les populations animales ou végétales de la terre ferme, ont, à diverses reprises, éprouvé de profonds changements dans la suite des âges.

Imaginons, pour ne pas trop compliquer l'exposition, trois seulement de ces couches reposant sous les eaux dans la position qui leur est naturelle, dans la position horizontale qu'elles ont prise en se formant. La plus vieille est évidemment la plus inférieure ; la plus récente est celle qui occupe le dessus. Quant à la couche intermé-

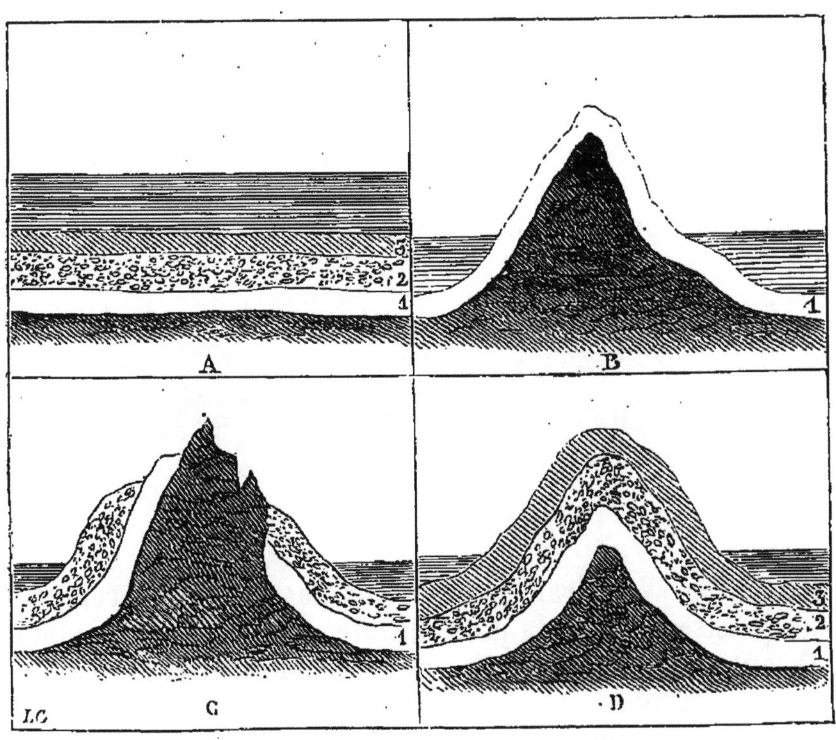

Fig. 25. — Age relatif des soulèvements.

diaire 2, elle s'est déposée après la couche 1 et avant la couche 3 (fig 25, A).

Supposons maintenant que le lit de la mer se plisse, se soulève en un point, surgisse hors des eaux et forme une chaîne de montagnes. Les trois strates s'infléchiront comme le représente la figure D, et entreront également dans la charpente montagneuse. Si, en un autre point, le soulèvement du fond de la mer avait lieu plus tôt, après le dépôt des couches 1 et 2, mais avant celui de la couche 3, il est clair que, dans ses assises, la montagne ne comprendrait que les deux couches 2 et 1, les seules alors formées. C'est ce que représente la figure C. Enfin, la couche 1 ferait seule partie de la montagne, si le soulèvement s'était effectué plus tôt encore et avant que la couche 2 se fût déposée. La figure B met sous les yeux une protubérance formée dans ces conditions.

Il est alors de pleine évidence que, de trois chaînes de montagnes qui, dans leur charpente, présenteraient la constitution indiquée par les figures ci-dessous, la plus vieille serait celle à laquelle se rapporte la figure B, puisqu'il lui manquerait deux assises de roches sédimentaires, qu'elle n'a pu recevoir en émergeant des eaux avant leur

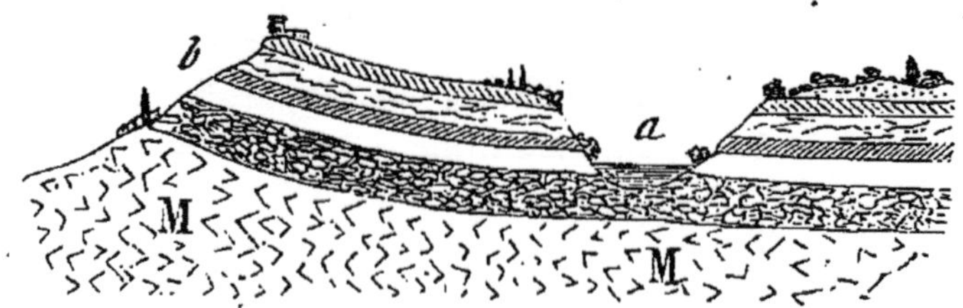

FIG. 26. — Stratification concordante.

formation. Viendrait après la montagne C, qui renferme une assise de plus; la plus récente enfin serait la montagne D, où les trois nappes de roches sédimentaires se montrent à la fois.

D'une manière générale, la géologie reconnaît qu'une chaîne de montagnes en a précédé une autre dans son apparition, en constatant qu'il manque à la première une ou plusieurs des couches sédimentaires que possède la seconde. Aussi le Jura est plus vieux que les Pyrénées, car il ne possède pas toutes les strates dont les mers ont formé les Pyrénées; celles-ci sont plus vieilles que les Alpes car on n'y retrouve pas toutes les assises dont les Alpes sont bâties.

19. Concordance ou discordance de stratification. — Des couches sédimentaires sont en *stratification concor-*

dante, lorsqu'elles sont parallèles entre elles, n'importe leur forme rectiligne ou sinueuse, et leur direction horizontale ou inclinée. Telles sont les assises de la figure 26, assises dont on peut suivre la succession, soit sur le flanc *b* du monticule, soit dans les escarpements de la vallée *a*, creusée par l'action des eaux courantes. Ce parallélisme indique une période de tranquillité pendant laquelle les couches sédimentaires se sont déposées au fond des mers sans trouble dans leur mode naturel de superposition. Plus tard, lorsque la dernière a été formée, est survenue une oscillation du sol qui les a fait émerger toutes à la fois en leur conservant le parallélisme, mais en leur don-

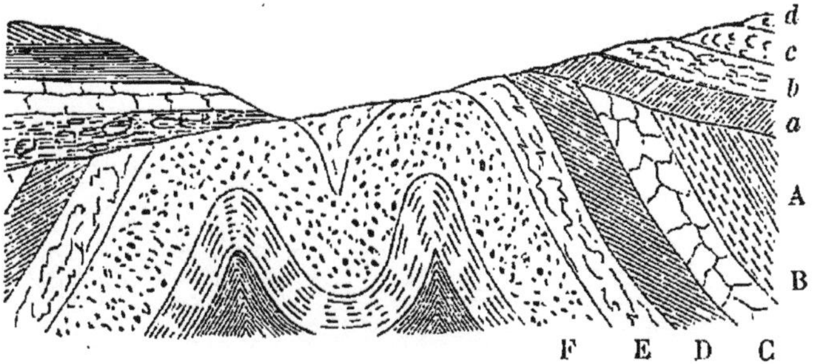

FIG. 27. — Stratification discordante.

nant le plus souvent une direction plus ou moins inclinée, commune à toutes.

La stratification est *discordante*, lorsqu'il n'y a pas parallélisme entre les couches. Considérons, par exemple, la figure 27. Les strates A, B, C, D, E, F sont entre elles concordantes ou parallèles; celles de la partie centrale sont sinueuses par suite de plis du terrain ; celles de droite et de gauche sont tronquées supérieurement, soit par le fait d'une rupture qui a rejeté, partie à droite et partie à gauche, les assises du sol brisé, soit encore par le fait des eaux courantes qui en ont corrodé et entraîné le sommet. Sur ces couches tronquées sont superposées les strates *a*, *b*, *c*, *d*. Celles-ci sont en stratification discordante avec les premières, en d'autres termes, ne leur sont pas parallèles. Ce défaut de parallélisme amène à la conclusion,

suivante. Les couches A, B, C, D, etc., étaient déjà dérangées de leur position originelle, la position horizontale,
et avaient éprouvé un soulèvement lorsque se sont déposées
les couches *a, b, c, d;* car s'il n'y avait pas eu de trouble
précédant la seconde série de dépôts, le parallélisme se
serait conservé entre les deux séries. Il s'est donc fait un
soulèvement, une modification dans le relief du sol, après
le dépôt de la couche A et avant le dépôt de la couche *a.*

Considérons encore la figure 28. Une ride de l'écorce
terrestre fait soulever les strates 1, 2, 3, 4, formées au
fond des mers pendant une longue période de tranquillité.
Il en résulte un bourrelet, une chaîne de montagnes, au
pied de laquelle la mer continue à déposer des sédiments
qui deviennent les strates horizontales B et A, en stratifi-

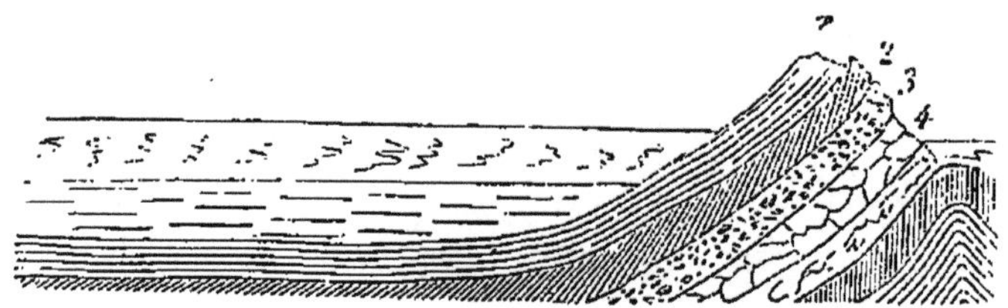

FIG. 28. — Stratification discordante.

cation discordante avec les premières. Imaginons qu'une
nouvelle oscillation du sol exhausse davantage la partie
déjà émergée. La base agrandie de la montagne montrera
alors sur ses flancs les couches A et B, dérangées de leur
position horizontale, plus ou moins inclinées, et discor-
dantes avec les couches du premier soulèvement. Le défaut
de parallélisme entre les assises de la base et celles du
sommet nous indiquera donc deux perturbations consécu-
tives, deux soulèvements ayant concouru à la formation du
relief final.

20. Époques géologiques. — C'est au moyen de l'étude
des couches sédimentaires, de leur nature, de leur nombre,
de leur ordre de succession, de leur stratification concordante ou discordante, enfin de leurs fossiles, que la géologie
parvient à reconnaître les antiques répartitions entre la

mer et la terre ferme, et les principaux changements que l'écorce terrestre a subis pour amener peu à peu les continents à la configuration qu'ils ont aujourd'hui. Les périodes de repos pendant lesquelles se sont formées telles et telles assises sédimentaires constituent autant d'*époques géologiques*. Vu l'épaisseur souvent énorme des couches correspondantes, elles doivent avoir été d'une durée où les siècles se comptent par milliers. Ces périodes sont séparées l'une de l'autre par des *révolutions géologiques*, c'est-à-dire par des accidents de niveau, brusques ou lents, qui, en changeant plus ou moins le relief de l'écorce terrestre, ont changé, par là même, la configuration de la terre ferme et la distribution des eaux marines.

21. Importance des fossiles pour caractériser les terrains et les étages. — Les restes des êtres organisés, animaux ou plantes, contenus dans les roches formées par les sédiments des eaux, en un mot les *fossiles*, fournissent à la géologie des documents du plus haut intérêt. Les fossiles du règne animal consistent, avant tout, dans les parties dures, ossements, dents, tests, écailles, coquilles, qui, par leur nature minérale, résistent le mieux à la destruction ; les parties molles, d'une décomposition facile, bien rarement ont laissé des traces, la putréfaction et autres causes les ayant dissipées sous les eaux avant que se fût déposé le sédiment qui aurait pu en garder au moins l'empreinte. Il ne nous reste donc en général des vieilles populations du globe que des débris souvent fort incomplets, mais qui suffisent néanmoins à la science pour reconstituer l'animal en entier et le faire revivre en quelque sorte à notre esprit, par la comparaison avec les organisations analogues de l'époque actuelle. Telle et telle autre espèce des anciens âges ne nous sont connues que par quelques dents, quelques vertèbres ; avec ces données, une minutieuse comparaison anatomique sait cependant compléter les organes qui manquent, décrire le squelette entier, puis l'animal, avec une précision bien voisine de la certitude.

On désigne par le terme de fossilisation les changements qu'ont subis, dans leur nature chimique, les restes d'êtres organisés pendant leur long séjour au sein de la roche qui les renferme. La matière minérale primitive fréquemment s'est conservée telle qu'elle. Ainsi les coquilles et les coraux fossiles ont encore le calcaire qui les composait à l'état de vie ; les ossements possèdent leur carbonate et leur phosphate de chaux. Mais la matière organique, par exemple le cartilage des os, a toujours disparu, remplacée par une matière minérale ; et cela d'une manière d'autant plus complète, que le fossile est plus ancien. D'autres fois, à la substance primitive, tant minérale qu'organique, s'en est substituée une autre, variable suivant les terrains et consistant surtout en carbonate de chaux, silice, oxyde et sulfure de fer. Ce n'est pas ici un encroûtement superficiel, un fourreau minéral superposé à l'objet comme peuvent en faire de nos jours les eaux des sources incrustantes ; mais bien une substitution intime, qui s'est faite de molécule à molécule, à mesure que la matière originelle disparaissait dissoute ; enfin une véritable *pétrification* ou conversion en pierre. Le remplacement des matériaux primitifs par les matériaux substitués s'est produit avec une telle précision, une telle délicatesse, que souvent la structure intime, si complexe dans ses infiniment petits détails, n'a pas ou presque pas éprouvé d'altération. Sur le tronc d'un palmier, converti par la fossilisation en un fût de silice, le microscope peut étudier l'organisation du bois comme il le ferait sur un végétal vivant.

L'historien déchiffre les périodes obscures de l'histoire avec les inscriptions et les médailles qui nous sont parvenues à travers les injures du temps. Les fossiles sont les médailles de l'histoire du globe. Ils nous racontent par quelles phases la vie a passé pour arriver à l'état de nos jours ; ils nous disent la succession des êtres organisés dans la série des âges ; ils nous montrent comment les espèces animales et les espèces végétales ont continuellement progressé vers une organisation plus parfaite, aujourd'hui parvenue au développement le plus avancé.

A ces renseignements sur les hauts problèmes de la philosophie naturelle, les fossiles en adjoignent d'autres sur la configuration générale de la superficie de notre planète, sur l'antique répartition des terres et des mers, l'apparition et la disparition des continents, l'ordre de succession des étages sédimentaires, souvent difficile à suivre à cause des dislocations subies.

Considérons en particulier les coquilles, qui sont les fossiles partout les plus répandus, soit que les mollusques, aux anciens âges de la terre, aient été réellement plus nombreux en individus que toute autre série animale, soit que leurs tests pierreux, d'une altération chimique difficile, nous soient parvenus en plus grande abondance que les autres restes organisés. A l'état vivant, un grand nombre de coquilles sont ornées les unes de plis lamelleux, de crêtes dentelées, de fines et régulières stries; les autres de piquants, de menus aiguillons. Tous ces détails d'élégante ornementation sont d'une grande délicatesse; le moindre choc les brise, le frottement sur le sable de la plage les efface. La coquille elle-même est mise en morceaux si l'élan de la vague la heurte sur le roc. Or, presque toujours les coquilles fossiles, même dans les roches les plus dures, nous montrent, admirablement conservés, les moindres traits de leur structure, si compliquée, si fragile qu'elle soit : piquants, lamelles, aiguillons, crénelures, stries, tout s'y retrouve, sans altération aucune.

Une conséquence de haut intérêt se dégage immédiatement de cette seule observation. Ces coquillages ne sont pas venus d'ailleurs, ils n'ont pas été roulés, entraînés par des courants, qui non seulement auraient détruit toute ornementation superficielle, mais encore auraient fait de ces coquilles des débris informes. Les mollusques dont elles sont les restes ont donc vécu à la place même où ces coquilles se trouvent aujourd'hui; ils y ont vécu paisiblement, et leurs dépouilles, à la mort de l'animal, ont été enveloppées par une vase fine qui s'est durcie plus tard en roc et les a conservées intactes dans la masse compacte

Ils y ont vécu en outre, pendant très longtemps, d'innombrables générations succédant à d'autres générations, car l'épaisseur de la roche où les coquilles sont superposées d'après leur ordre d'antiquité se mesure par centaines et par milliers de mètres. Ce qu'il a fallu de siècles de tranquillité pour produire de pareils entassements est impossible à dire.

22. Mollusques d'eau douce; mollusques marins. — Parmi les mollusques, les uns, peu nombreux en espèces, habitent les eaux douces; les autres, en plus grande abondance, ont pour demeure les mers. Nos fossés, nos lacs,

Fig. 29. — Limnée.

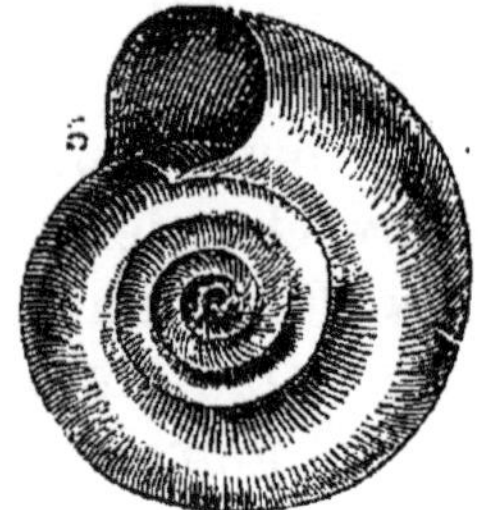

Fig. 30. — Planorbe.

nos étangs, regorgent en particulier de limnées, de planorbes et de paludines, qui n'ont pas de représentants dans les mers; les mers à leur tour ont d'innombrables espèces totalement étrangères aux eaux douces; tels sont, par exemple, les murex, hérissés de piquants, et les huîtres, les moules. Dans les vases des fossés s'amassent des coquilles de planorbes et de limnées; dans les dépôts sous-marins s'entassent les huîtres et les murex. Or, dans beaucoup de localités, la roche, sans rien présenter de spécial dans sa nature chimique, est pétrie de coquilles de planorbes, de limnées et autres espèces des eaux douces. A ce signe seul se reconnaît que la roche a été déposée au fond d'une nappe d'eau douce, notamment au fond d'un lac devenu aujourd'hui terre ferme. En d'autres points, incomparablement plus répandus, la roche ne renferme que des coquilles marines. Sa formation est donc due aux dépôts de la mer. Si quelque part un mélange se présente de coquilles marines et de coquilles d'eau douce, c'est la marque de l'embouchure d'un cours d'eau, apportant à la mer, pendant ses crues, les dépouilles de ses propres mollusques. Enfin ce ne sont pas seulement les plaines, les terrains bas qui, dans leurs assises, nous montrent des coquilles marines fossiles; on les trouve aussi, et souvent très abondantes, jusque dans la roche des plus hautes cimes. Le niveau des océans ne pouvant changer parce que la masse des eaux est invariable, ce ne peut être la mer qui aurait laissé à ces grandes hauteurs les traces de son séjour, puis se serait abaissée au niveau actuel, car il y aurait alors à se demander ce qu'est devenue l'immense quantité d'eau disparue par un semblable retrait. Si la mer n'a pu s'élever à la cime des montagnes pour y laisser ses coquillages fossiles, c'est donc la terre elle-même qui, d'abord inférieure au niveau des eaux, a reçu les sédiments des mers auxquelles elle servait de lit, puis s'est soulevée, emportant avec elle les preuves évidentes des dislocations et changements de relief, qui des profondeurs océaniques ont fait terre ferme et chaînes de montagnes.

23. Paléontologie. — Des expressions grecques *palaïôn ontôn logos* (*des anciens êtres traités*) on a fait le terme *paléontologie* pour désigner la partie de la géologie qui s'occupe des animaux et des végétaux fossiles. L'importance de cette branche de la science, ses résultats pleins d'intérêt sont suffisamment établis par le peu de détails dans lesquels nous venons d'entrer.

CHAPITRE II

TERRAINS PRIMAIRES ET DE TRANSITION

TERRAIN SILURIEN. — TERRAIN DÉVONIEN

1. Division des terrains en quatre séries. — Les assises sédimentaires se divisent d'abord en quatre grandes séries que l'on désigne, en remontant des plus anciennes aux plus récentes, par les noms de *terrains primaires, terrains secondaires, terrains tertiaires* et *terrains quaternaires.* Chacune de ces séries se subdivise à son tour en un nombre plus ou moins grand d'étages correspondant à autant d'époques géologiques. Ainsi dans les terrains primaires se reconnaissent trois étages, savoir : le terrain *silurien,* le terrain *dévonien* et le terrain *houiller* ou *carbonifère.*

Les deux premiers portent en commun le nom de *terrains de transition,* parce qu'ils forment la transition, le passage, entre les terrains d'origine ignée et ceux d'origine aqueuse. Composés des premières assises que les mers déposèrent lorsque l'abaissement de la température permit enfin la présence des eaux à la surface du globe, ces terrains ont éprouvé des modifications profondes par suite de leur voisinage, de leur contact avec les matériaux incandescents de l'intérieur. Des roches cristallines se sont fréquemment intercalées dans leurs fissures, amenant avec elles les minerais de plomb, de cuivre, d'argent et d'autres métaux; leurs couches argileuses se sont durcies en lits feuilletés de schistes et d'ardoises; leurs bancs calcaires sont parfois devenus du marbre par une métamorphose analogue à celle qui se passe dans l'expérience de Hall.

2. Terrain silurien. — L'antiquité nommait *Silures* les habitants du pays de Galles. De ce nom, la géologie a fait l'expression de *terrain silurien* pour désigner l'étage géologique dont le type le plus remarquable se trouve dans cette partie de l'Angleterre. Le terrain silurien se montre en France sur la presque totalité de la Bretagne, dans les départements de la Manche et de l'Orne, dans l'Anjou, les Ardennes, les Vosges, le Var, l'Aube et au pied des Pyrénées. Il consiste principalement en ardoises aux environs d'Angers et dans les Ardennes ; en calcaires convertis en marbres colorés dans les Pyrénées et la montagne Noire, près de Carcassonne ; en schistes, riches de minerais de cuivre et surtout d'étain, dans la presqu'île de Cornouailles, en Angleterre.

A l'époque de la mer silurienne, c'est-à-dire lorsque se formaient sous les eaux marines les terrains siluriens, le sol émergé, pour la France, comprenait une bande de terre vers le golfe actuel de Saint-Malo, sur une partie de la Bretagne et de la Normandie ; un grand plateau granitique formant de nos jours l'Auvergne et le Limousin. Ce plateau doit rester à sec pendant toute l'immense durée des périodes géologiques suivantes et gagner en étendue aux dépens des mers qui le cernent et battent ses falaises ; il doit un jour, à l'approche des temps actuels, se couvrir de bouches volcaniques par centaines et devenir la scène d'une puissante conflagration dont le témoignage nous est donné par les coulées de laves ou *cheires* et par les cratères éteints ou les *puys*. A la même époque était émergé le massif du Var, qui est devenu les montagnes des Maures et de l'Esterel. Étaient pareillement hors des eaux la presqu'île Scandinave, et une partie des îles Britanniques, reliée aux terres de notre Bretagne par un sol dont un affaissement devait plus tard faire le lit de la Manche.

3. Trilobites. — Les animaux le mieux organisés de l'époque, rois de la création pendant la période silurienne, sont des crustacés marins nommés *Trilobites*. Ils sont répandus à profusion dans toutes les parties du monde au

sein des formations siluriennes, et si nombreux, que la
roche en est parfois pétrie. Les ardoises d'Angers notamment en possèdent de beaux exemplaires. Ces animaux,
dont aucune espèce ne vit aujourd'hui et même ne se retrouve à l'état fossile dans aucun des terrains postérieurs,
sont formés en avant d'une sorte de grand bouclier demi-
circulaire, dont les côtés portent de gros yeux à facettes,
où se comptent, ajustées l'une contre l'autre, près de 400
lentilles optiques. Ces yeux comme les crustacés actuels n'en
présentent pas de mieux organisés, annoncent une atmosphère dépouillée de son chaos ténébreux de vapeurs et
devenue enfin perméable aux rayons du soleil; ils affirment

Fig. 31. — Œil de Trilobite.

une mer limpide et vivifiée par la lumière à la place des
flots troublés par la gelée siliceuse de laquelle se sont
formés les premiers sédiments. Au bouclier des trilobites
fait suite l'abdomen, composé de segments imbriqués
comme le sont ceux de la queue de l'écrevisse, mais divisé
par deux sillons longitudinaux en trois parties ou lobes,
qui ont valu à l'animal le nom de trilobite. Une courte
queue triangulaire termine le tout. La face inférieure n'a
d'autres membres qu'une série de molles lamelles servant
à la fois, sans doute, d'organes respiratoires et d'organes
locomoteurs, ainsi que cela se voit encore dans divers
crustacés de nos jours. Enfin quelques trilobites, comme
moyen de défense, avaient la faculté de se rouler en boule,
ainsi que le font nos cloportes; tels sont les *Calymènes*.
D'autres étaient dépourvus de cette faculté, par exemple
les *Ogygies*.

4. **Orthocères et Lituites.** — Outre les trilobites, les

mers siluriennes nourrissaient divers mollusques dont les plus remarquables appartiennent les uns aux *Céphalopodes*, les autres aux *Brachiopodes*. Dans la série des mollusques, les céphalopodes occupent le premier rang pour l'organisation; ils sont caractérisés par des bras ou tentacules armés de ventouses et disposés en rangée circulaire au-dessus de la tête. Les uns sont pourvus d'une coquille extérieure, qui sert d'abri à l'animal; les autres en sont dépourvus. Le poulpe, le calmar, la seiche, l'argonaute, sont,

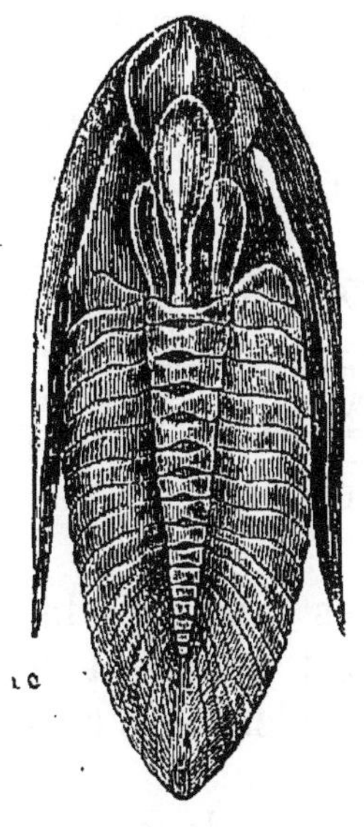

Fig. 32. — Trilobite. — Calymène.

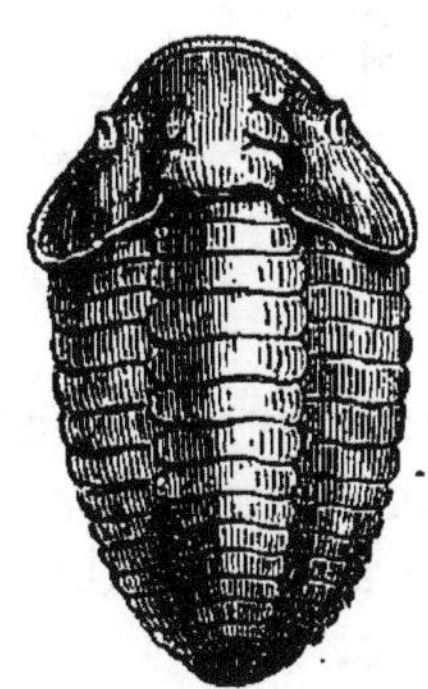

Fig. 33. — Trilobite. — Ogygie.

à notre époque, les céphalopodes le plus vulgairement connus. Nous reviendrons plus tard, au sujet des ammonites et des bélemnites, sur cette classe remarquable, dont les populations ont pullulé dans les mers géologiques. Nous voyons apparaître ses représentants pour ainsi dire dès l'aurore des créations animales, dès l'époque silurienne, nous démontrant ainsi que l'organisation, tout en progressant dans son ensemble vers un état plus parfait, n'a pas suivi néanmoins une marche uniforme, allant par degrés du simple au composé, mais a atteint, dès les premiers essais, tantôt dans un groupe, tantôt dans un autre de la série animale, une structure élevée à laquelle les âges suivants, loin d'avoir ajouté, ont, au contraire, souvent retranché. Sans être précédés d'autres êtres analogues, mais inférieurs, apparaissent donc les céphalopodes siluriens, aussi riches d'organes que les céphalopodes des mers actuelles.

Leur coquille est divisée, par des cloisons transversales, en une longue série de chambres ou compartiments vides communiquant entre eux par un canal ou siphon qui traverse les cloisons par leur milieu. L'animal occupe la dernière chambre, qu'il abandonne en arrière de lui et qu'il remplace par une plus grande à mesure qu'il grossit. L'ensemble des chambres ainsi abandonnées l'une après l'autre constitue un appareil flotteur, qui devait servir à

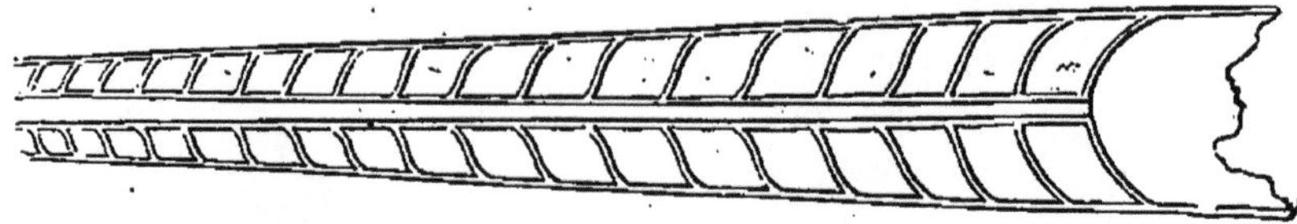

FIG. 34. — Coupe d'un Orthocère.

maintenir l'animal équilibré dans les eaux ou à la surface. Dans les *Orthocères*, la coquille est droite et forme un cône allongé; dans les *Lituites*, elle s'enroule en forme de crosse.

5. Térébratules, Productes. — Si, dans la série des mollusques, les céphalopodes possèdent l'organisation la plus avancée, les brachiopodes au contraire se trouvent relégués aux derniers rangs et sont inférieurs même à l'huître. Ils ont une coquille à deux valves inégales, dont la supérieure a fréquemment le sommet saillant et percé d'une ouverture pour laisser passer un muscle qui fixe pour toujours l'animal à la même place, sur quelque roche sous-marine ou un banc de coraux. L'animal possède, à proximité de la bouche, deux bras ou tentacules garnis de nombreux filaments. Ces organes, destinés à retenir les particules nutritives, peuvent s'allonger hors de la coquille ou y rentrer en s'y roulant en spirale. Les brachiopodes actuels ont pour représentants les plus répandus les *Térébratules*, coquillages des eaux profondes et des fonds madréporiques. Ceux de l'époque silurienne sont des *Térébratules* qui possèdent l'organisation des nôtres sans en avoir la forme. Ce genre, du reste, s'est maintenu pendant toutes les époques géologiques, en se subdivisant en une multitude d'espèces remarquables par l'élégance et la variété de leurs formes. Les mers siluriennes possédaient en outre des *Orthis* différant des térébratules par leur sommet tronqué en ligne droite ; des *Productes*, dont la valve supérieure bombée embrasse la valve inférieure concave, et qui sur leur coquille portent de petits tubes épars.

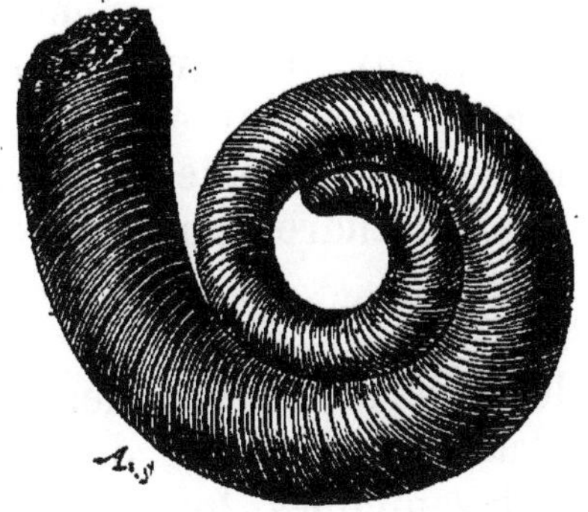

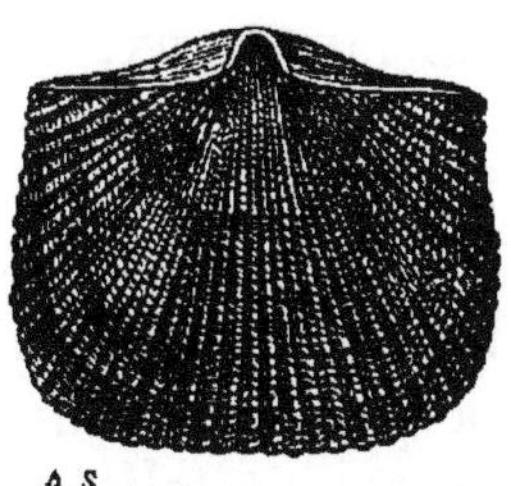

Fig. 35. — Lituite corne de bélier.

Fig. 36. — Orthis.

6: Ardoises. — Parmi les productions minérales remarquables de l'époque silurienne, se trouvent les *ardoises*, masse argileuse durcie, inaltérable par l'air et par l'eau, qui se divise aisément en feuillets et appartient à la catégorie de roches connues sous le nom de *schistes argileux*. La couleur en est d'un gris bleuâtre. Les principales ardoisières de la France sont celles de la Manche, des Ardennes et des environs d'Angers. Cette dernière forme une couche qui s'étend sur une longueur de 8 kilomètres et s'exploite, à ciel ouvert, jusqu'à la profondeur d'une centaine de mètres. Extraite de la carrière en blocs plus ou moins considérables, l'ardoise est ensuite divisée en lames minces à l'aide du maillet et d'un long ciseau. La forme et la dimension voulues s'obtiennent après avec la hache, qui tronque et régularise les lames sur un billot. La division en feuillets ne peut se faire que lorsque la roche est récemment extraite ; trop longtemps exposé à l'action desséchante de l'air, le bloc ne se fend plus comme il convient. Le principal usage des ardoises est pour les toitures.

7. **Terrain devonien.** — Ce terrain n'occupe en France qu'un petit nombre de points, mais il est très répandu en Angleterre, dans le pays de Galles, la presqu'île des Cornouailles, et surtout le Devonshire ou comté de Devon, qui a fourni son nom pour l'expression géologique. L'épaisseur de l'ensemble de ses couches y atteint près de 3000 mètres. La roche dominante est un grès coloré en rouge par l'oxyde de fer et connu des Anglais sous le nom de *vieux grès rouge*. Des schistes argileux, des grès et des calcaires de l'époque devonienne se montrent en France par lambeaux, particulièrement sur les rives de la Loire, dans le Maine et sur les confins de la Flandre française avec la Belgique.

8. **Fossiles.** — Les progrès de la vie sont déjà très manifestes. Un millier de fossiles différents témoignent de la population des mers, population renouvelée dans sa presque totalité, car les espèces devoniennes, tout en présentant une étroite analogie avec celles des mers siluriennes, ont néanmoins des caractères particuliers. A des trilobites succèdent d'autres trilobites qui ne sont pas les mêmes ; aux orthocères, et aux brachiopodes, succèdent d'autres orthocères, d'autres brachiopodes, térébratules et orthis, non identiques avec les premiers. Les mêmes genres se maintiennent, mais sous des formes nouvelles, remplaçant des formes disparues.

Semblable extinction des espèces, qui, après avoir formé la population soit des mers, soit des terres, pendant des périodes d'une immense durée, disparaissent à jamais de la scène du monde, est un fait général en géologie. D'un terrain à l'autre plus récent, l'animalité et la végétation changent, représentées par des espèces toujours plus nombreuses et souvent plus richement organisées. Les genres eux-mêmes ont une durée limitée. C'est ainsi que les trilobites, au premier rang des formes animales pendant l'époque silurienne, sont en décroissance dans les mers devoniennes, cèdent la prééminence à des êtres supérieurs d'organisation et disparaissent enfin pour ne plus reparaître à aucune autre époque. Peut-être les espèces et les genres ont-ils une fin nécessaire, tout comme l'individu; ils périssent quand s'est écoulée la série de milliers de siècles mesurant leur âge. Peut-être les changements que le globe n'a cessé d'éprouver, dans son état climatérique, ont-ils exigé des renouvellements qui mettaient les êtres en rapport avec les nouvelles conditions d'existence. Mais toutes les causes physiques qu'on pourrait invoquer ici sont dominées par une cause primordiale, par la puissance créatrice se manifestant dans l'infinie variété de ses œuvres.

9. **Télerpéton, Ptérichthys.** — De l'époque devonienne datent les premiers animaux vertébrés. Les grès du comté de Murray, en Écosse, ont fourni aux géologues un petit reptile, d'un décimètre et demi de longueur, voisin des salamandres. Son nom de *Télerpéton (reptile du lointain)* fait allusion à l'époque si lointaine où vivait, dans les eaux de quelque mare, ce premier-né des reptiles.

Les autres fossiles d'animaux vertébrés appartiennent à des poissons et se trouvent dans les calcaires devoniens de l'Angleterre. Ce sont des animaux à forme bizarre, ne rappelant que de fort loin nos vulgaires poissons. Leur tête est plate, arrondie, armée, dans une espèce, de deux pointes coniques ou cornes. Sur les côtés sont appendues deux longues nageoires en forme d'ailes. La partie supérieure du tronc est revêtue de plaques osseuses formant cuirasse. La queue seule rappelle un peu nos poissons : elle est conique et couverte d'écailles; mais la colonne vertébrale, au lieu d'aboutir au milieu d'une nageoire symétriquement épanouie, termine la queue latéralement. On a nommé *Ptérichthys* (poisson ailé) ces créatures étranges, dont les mers n'ont plus de représentants après l'époque devonienne.

10. **Anthracite.** — Dans les assises devoniennes se trouve

l'*anthracite*, charbon fossile analogue à la houille, mais
plus compacte, plus brillant, à combustion difficultueuse,
ne brûlant qu'entassé en grands amas, et développant alors
beaucoup de chaleur. Comme la houille, l'anthracite est
formée de débris de végétaux terrestres, parmi lesquels
dominaient les fougères et les équisétacées. Nous reviendrons sur ces deux familles de plantes en traitant de l'époque
houillère. Pendant la période devonienne, la terre ferme
était donc couverte d'une végétation déjà puissante, dont
les restes nous sont parvenus convertis, dans les assises du
sol, en amas de combustible charbonneux. Les gîtes les
plus considérables d'anthracite occupent en France les

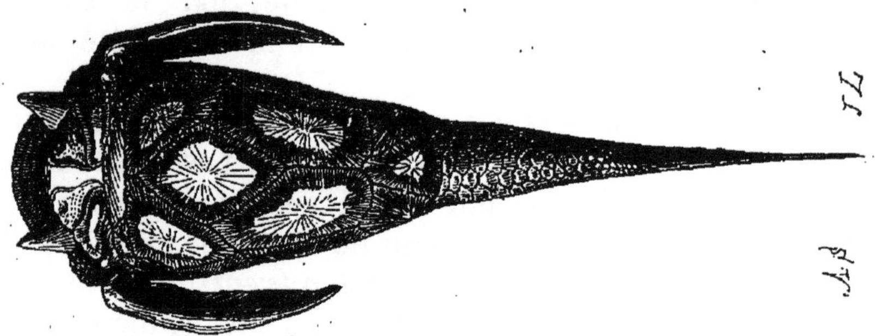

FIG. 37. — Ptérichthys.

bords de la Loire, entre Nantes et Angers, et se prolongent
dans l'Ille-et-Vilaine, la Mayenne et la Sarthe.

11. Marbres des Pyrénées. — Au terrain devonien
ainsi qu'au terrain silurien se rattachent les marbres des
Pyrénées, dont quelques-uns, enveloppés par des roches
ignées, ont éprouvé de profondes modifications dans leur
nature calcaire primitive. Tels sont les marbres *Campans*,
qui, dans leur pâte cristalline de teinte diverse, renferment des feuillets ondulés de matériaux micacés de plusieurs couleurs. Parfois des fragments de marbre sont
complètement noyés dans le granit. Ce sont des débris des
assises calcaires, détachés par la masse ignée en éruption
et emportés avec elle à un niveau plus élevé.

CHAPITRE III

TERRAIN HOUILLER

1. Terres émergées. — Pendant la période houillère, la terre ferme, sur l'emplacement de la France future, comprend la Bretagne, le plateau de l'Auvergne, le massif des Ardennes et le massif du Var. Ces îles ou langues de terre au milieu d'une mer qui n'existe plus sont aujourd'hui réunies par les terrains que les eaux ont depuis laissés à sec. La mer houillère battait de ses flots leurs falaises escarpées. La plus grande de ces îles est devenue le plateau central de la France, comprenant l'Auvergne, le Velay, le Forez et le Limousin d'aujourd'hui. Deux golfes pénétraient dans son intérieur. L'un, s'ouvrant au nord, est devenu la fertile plaine de la Limagne; l'autre, plus large et s'ouvrant au midi, a formé la stérile région des Causses. Deux promontoires la prolongeaient, l'un au nord, constituant aujourd'hui une partie de la Bourgogne; l'autre au sud, correspondant à la montagne Noire. De nombreux et vastes lacs d'eau douce étaient disséminés à sa surface.

Hors de la France, le sol émergé, pour l'Europe occidentale, comprenait une grande terre qui devait devenir la presqu'île Scandinave; une autre terre de moindre étendue sur les emplacements de Milan, Briançon, Gênes, et se rattachant au massif du Var, lui-même relié à la Corse; une île aux lieux qu'occupent aujourd'hui Dresde, Prague, Ratisbonne; une langue de terre entre Cologne et Francfort; enfin divers lambeaux répartis sur la Belgique, l'Angleterre et l'Écosse.

2. Calcaire carbonifère. — En son état complet, le terrain houiller comprend deux dépôts : le *calcaire carbonifère*, qui forme les assises iuférieures, et le *grès houiller*, qui occupe le dessus et comprend dans son épaisseur les amas de houille. Le nord de la France, la Belgique et surtout l'Angleterre, sont les régions occupées par le premier dépôt ; dans le reste de la France, le calcaire carbonifère manque et le grès houiller repose immédiatement sur les terrains sédimentaires antérieurs, souvent même sur le terrain primitif, que forment les roches ignées.

Le calcaire carbonifère est une roche noire, compacte, apte à prendre un beau poli et parfois dégageant une odeur fétide. Des boues de matières végétales décomposées sont cause, sans doute, de cette odeur et de cette coloration ; elles ont d'abord imprégné la roche de leurs parcelles charbonneuses jusqu'au moment où la végétation, devenue d'une puissance inouïe, a fourni assez de débris pour donner aux grès. leurs lits de houille. Des bancs de ce calcaire se retirent, en Belgique, les marbres de Dinant, de Namur, des Écaussines, marbres communs dont il se fait grand emploi sous le nom collectif de *marbres de Flandre*. Ils sont noirs, veinés de blanc et de gris ; ils renferment, empâtés dans leur masse, d'innombrables coquillages qui se détachent, en teinte claire, sur le fond sombre de la roche.

3. Fossiles. — Les mers où se déposait le calcaire carbonifère possédaient de nombreux madrépores ; des *Encrinites*, animaux appartenant au même groupe que nos étoiles de mer, et dont la curieuse structure trouvera place dans un chapitre ultérieur, lorsque nous traiterons de l'époque où leurs espèces se sont montrées en plus grande abondance. Bornons-nous à dire que les encrinites se composent d'une multitude de pièces articulées l'une sur l'autre, figurant chacune un disque polygonal qui, sur ses deux faces, présente le dessin d'une étoile, ou mieux d'une fleur à pétales épanouis. Le marbre des Écaussines est tout pétri de ces élégants disques étoilés.

Les brachiopodes sont représentés par des *Productes* de forme très variée, et par des *Spirifères*, dont les deux longs bras s'enroulent, au sein de la coquille, en spirales serrées et coniques. Les céphalopodes ont pour représentants des *Orthocères*, des *Goniatites*. Ceux-ci ont la coquille assez semblable de forme à celle du nautile des mers actuelles, et divisée en chambres par des cloisons comme cette dernière.

4. Grès houiller. — Les roches dont les assises comprennent les lits de houille se composent de grès et d'argiles schisteuses. Les grès résultent d'un mélange de parcelles de quartz, de feldspath et de mica, parfois cimentées par de la silice ou de l'oxyde de fer. Des blocs

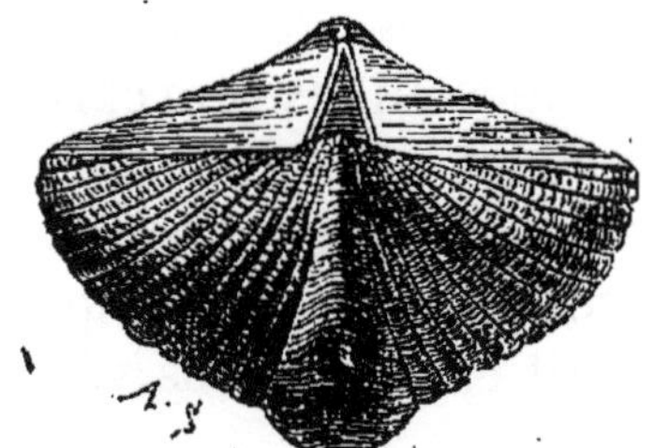

FIG. 38. — Spirifère, coquille
entière

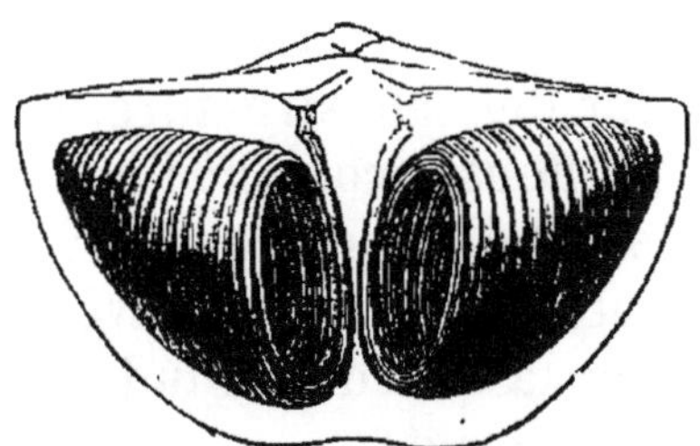

FIG. 39. — Spirifère, coquille
ouverte.

roulés, débris de l'ancienne roche encaissant la formation houillère, accompagnent fréquemment les grès après chaque couche de houille. Les argiles schisteuses sont noires, coloration qu'elles doivent à des matières charbonneuses. L'eau ne les réduit pas en pâte; mais, exposées à l'air, elles se fendillent aisément et tombent en écailles. Dans leur pâte fine et miroitante se voient fréquemment des empreintes végétales, d'autant plus nombreuses que les argiles sont plus voisines des lits de houille. Ceux-ci ont une épaisseur fort variable; quelque-uns mesurent à peine quelques centimètres, d'autres ont plusieurs mètres de puissance. Ces alternances de grès débutant par des fragments roulés, de schistes argileux à empreintes végétales, enfin de houille plus ou moins pure, se répètent à diverses reprises. Ainsi les houillères d'Anzin, dans le département du Nord, comprennent dix-huit couches de houille, dont l'épaisseur totale est d'une douzaine de mètres; à Rive-de-Gier (Loire), il n'y a que trois couches mesurant ensemble une épaisseur moyenne de quinze mètres.

5. Forêts de l'époque houillère. — En général, la houille est une masse informe qui ne laisse pas soupçonner son origine végétale; mais il n'est pas rare de trouver dans les houillères, surtout dans les schistes argileux, des végétaux plus ou moins entiers et parfaitement reconnaissables malgré leur conversion en charbon. Certains lits de houille schisteuse sont formés d'un entassement de feuilles carbonisées, serrées l'une contre l'autre en bloc compacte et conservant encore tous les détails de leur délicate structure. Ces restes, merveilleuses archives qui nous racontent l'histoire des anciens âges de la terre, sont tellement conservés, qu'on peut, avec leur secours, tracer l'histoire des végétaux de ces lointaines époques avec la même certitude qu'on écrirait l'histoire des végétaux vivants.

Des études faites sur ce curieux sujet, il résulte qu'après l'émersion du terrain devonien, le sol se couvrit d'une végétation luxuriante, comme on en trouverait à peine aujourd'hui de semblable dans les régions favorisées de l'Inde et du Brésil. Dans une atmosphère chaude, humide et riche de gaz carbonique, s'élevèrent de sombres forêts que n'égaya jamais le chant des oiseaux, où ne retentit jamais le pas du quadrupède, car la terre ferme n'avait alors pour habitants vertébrés qu'un petit nombre d'animaux dans lesquels s'associaient la structure des lézards et la structure des batraciens. Ces premiers représentants des vertébrés terrestres habitaient les lagunes fangeuses. On leur donne le nom de *Labyrinthodon*, qui rappelle leurs dents où se montre un labyrinthe de plis rayonnés.

La mer nourrissait dans ses flots une population d'animaux à demi-poissons, à demi-reptiles, dont les flancs, en guise d'écailles, étaient cuirassés de plaques d'émail. Ces poissons, les rois de l'époque, se nomment *Sauroïdes*.

Aux lieux mêmes occupés maintenant par des forêts de chênes, de sapins et de hêtres, venaient des végétaux étranges, balançant, à l'extrémité d'une tige élancée et sans ramifications, un bouquet de feuilles énormes. Les débris de cette végétation, accumulés pendant une série de siècles dont il serait impossible de fixer le nombre, puis ensevelis dans les entrailles de la terre par les révolutions

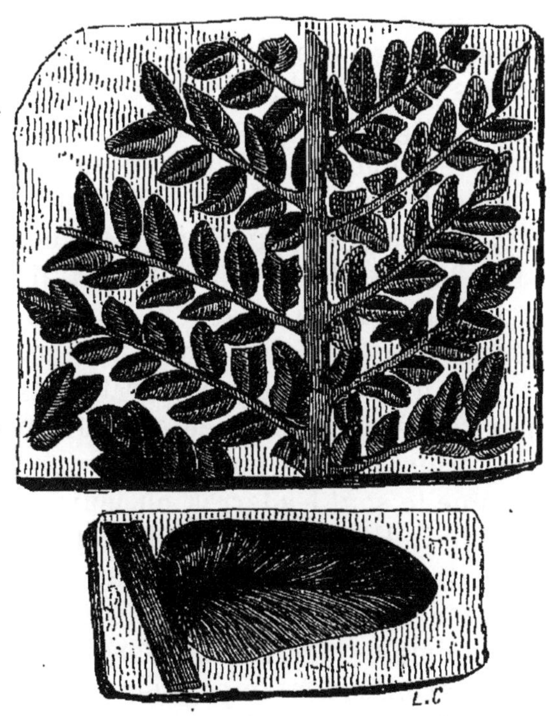

Fig. 40. — Fougère de la houille. — Névroptéris. — A, foliole grossie.

qui ont façonné les continents, sont devenus les couches de *houille* ou de *charbon de terre*, exploitées aujourd'hui par le pic du mineur.

6. **Fougères arborescentes.** — Parmi les végétaux qui ont contribué à la formation de la houille sont d'énormes fougères, dont la tige élancée se termine par un bouquet de très grandes feuilles découpées avec une rare élégance. On les nomme *Fougères arborescentes*, à cause

de leur taille comparable à celle de quelques-uns de nos arbres. Nulle part en Europe, les fougères arborescentes n'existent plus; les régions équatoriales, principalement les îles des mers les plus chaudes, en ont seules quelques espèces, qui ne sont pourtant pas celles de l'époque houillère. Du reste, en aucune partie du monde actuel ne se trouvent des végétaux exactement pareils à ceux qui peuplèrent alors la terre et sont maintenant ensevelis dans les bancs de houille.

Puisque leurs congénères de l'époque présente ne prospèrent que sous le climat humide et chaud des îles intertropicales, les fougères arborescentes de la houille démontrent qu'à leur époque, nos pays et même les régions les plus septentrionales possédaient une température élevée, comparable à celle qui règne maintenant entre les tropiques. L'influence de la chaleur centrale, plus prononcée que de nos temps, à cause d'une épaisseur moindre de l'enveloppe solide du globe, produisait sans doute cette élévation et cette uniformité de température.

Les mêmes fougères arborescentes nous montrent que le sol où elles croissaient ne pouvait être que des îles, des archipels, comme le sont les terres où leurs représentants vivent aujourd'hui. Enfin l'atmosphère était irrespirable, car elle contenait en dissolution, à l'état de gaz carbonique, l'énorme masse de charbon devenu depuis la houille. Les espèces animales terrestres d'organisation un peu élevée étaient par conséquent impossibles. Mais si cette abondance d'acide carbonique était contraire à l'animalité, elle était éminemment favorable à la végétation, qui prit alors une puissance sans exemple à aucune autre époque. Les fougères en arbre et les autres végétaux, leurs contemporains, soutiraient à l'air son charbon dissous, l'emmagasinaient dans leurs feuilles et leurs tiges; puis, tombant de vétusté, faisaient place à d'autres, qui poursuivaient sans relâche, dans leurs forêts silencieuses, la grande œuvre de la salubrité aérienne. Ainsi s'est amassée la houille, ainsi l'atmosphère est devenue respirable pour l'animal.

7. **Lycopodiacées.** — On connaît déjà de l'époque

houillère plus de 250 espèces de fougères, les unes arborescentes, les autres herbacées. Dans l'Europe entière, la même famille ne compte plus aujourd'hui qu'une soixantaine d'espèces vivantes. Les autres végétaux qui ont contribué à la formation de la houille sont des *Lycopodiacées* des *Equisétacées*, des *Calamites*, des *Sigillaires*, des *Cycadées* et des *Conifères*.

En nos climats, les lycopodiacées sont d'humbles plantes, amies des lieux frais et ombragés, traînant à terre, assez semblables à des mousses. Comme les fougères, elles sont plus nombreuses et plus grandes dans les régions chaudes et humides, surtout dans les petites îles situées entre les tropiques; néanmoins, elles y atteignent à peine un mètre de haut. L'époque houillère, avec sa température uniformément élevée, avec ses forêts humides et pleines d'ombre, offrit au développement de ces végétaux un concours de cir-

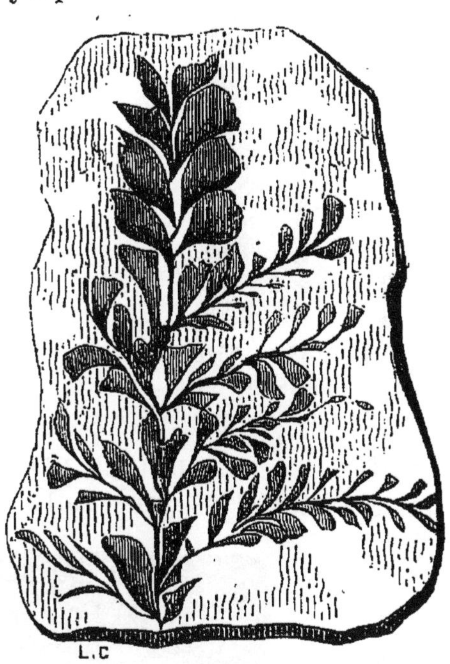

Fig. 41. — Fougère de la houille. — Sphénoptéris.

constances des plus favorables. Aussi les restes de lycopodiacées abondent-ils dans la houille avec des dimensions dont le monde actuel n'a plus d'exemples. Les plus intéressants appartiennent au genre *Lepidodendron*, dont la tige, parfois haute de 15 à 20 mètres, est couverte de rangées spirales, de cicatrices en losange, cicatrices laissées par la chute des feuilles. Dans le haut des ramifications, les feuilles sont souvent encore en place. Enfin la fructification a quelque ressemblance avec un cône.

8. **Équisétacées.** — Une tige cannelée dans le sens de

la longueur et divisée de distance en distance par des articulations, des rameaux étagés par groupes annulaires à chaque articulation, un cône terminal mûrissant sous ses

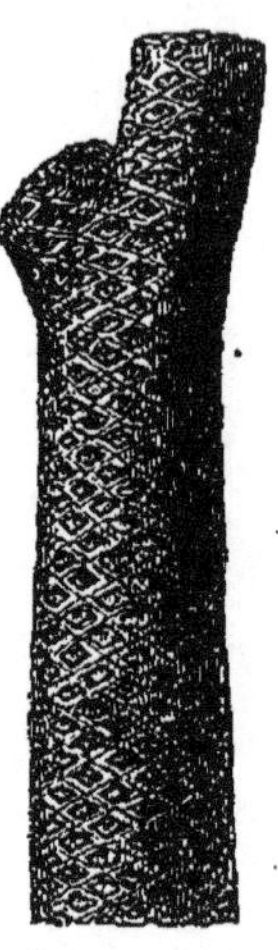

FIG. 42. — Tige de Lépidodendron.

FIG. 43. — Extrémité feuillée et fructifiée de Lépidodendron.

écailles les corpuscules propagateurs ou spores, tels sont les caractères les plus saillants des équisétacées, repré-

FIG. 44. — Annulaire.

sentées aujourd'hui par les vulgaires *Prêles*, si abondantes dans les terrains humides, mais bien déchues de leur antique développement. Pendant la période houillère, quel-

ques-unes rivalisaient de dimensions avec les fougères en
arbre et portaient jusqu'à 5 et 10 mètres de hauteur leur
élégante tige. A la même famille paraissent se rattacher les
Calamites, troncs assez volumineux, articulés comme les
prêles et creusés de cannelures longitudinales. On leur

FIG. 45. — Sphénophylle.

attribue comme feuillage les *Annulaires*, dont les empreintes sont des plus fréquentes dans les schistes de certaines houillères. Ce sont des groupes annulaires ou verticilles très réguliers de petites
feuilles obtuses et soudées à
leur base. On rapporte aussi
aux calamites, les *Sphéno-
phylles*, verticilles de feuilles
en forme de coin, avec l'extrémité dentelée.

9.**Sigillaires.** — Si les végétaux houillers qui précèdent,
calamites, lépidodendrons,
fougères, ont leurs analogues
dans la flore moderne, d'autres, au contraire, possèdent
une organisation à part, dont
il ne se trouve plus d'exem-

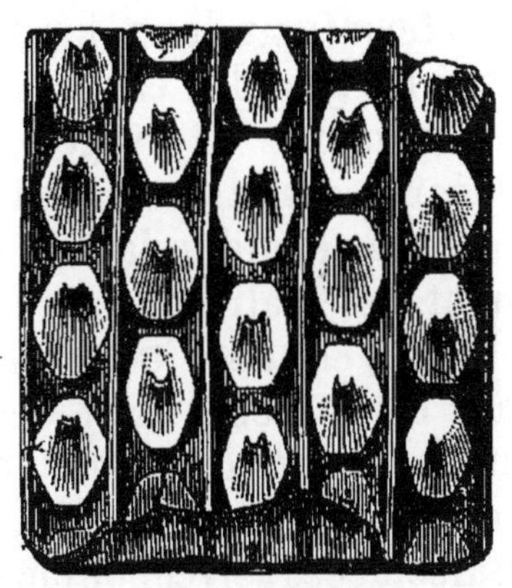

FIG. 46. — Sigillaire.

ples actuellement à la surface de la terre. Telles sont les
Sigillaires, famille qui s'éteint pour toujours après le
dépôt de la houille. Leurs restes, abondamment dispersés
dans les grès et les schistes houillers, consistent en troncs
non ramifiés, tout d'une venue comme des fûts de colonne,

d'une longueur qui mesure jusqu'à 20 mètres, sur une largeur moyenne variant de 3 à 10 décimètres. D'un bout à l'autre, ces troncs sont parcourus de cannelures rectilignes et parallèles, sur lesquelles sont régulièrement rangées, sous forme de larges empreintes, les cicatrices laissées par la chute ou la destruction des feuilles. Quelques-uns sont dans une position verticale, peut-être dans la situation même où la plante a vécu; leur forme est alors ronde. Plus fréquemment, ils sont couchés suivant l'horizontale, et alors ils se trouvent aplatis par la pression des couches supérieures. Les tiges verticales montrent une couche extérieure, peu épaisse, convertie en charbon; et, à l'intérieur, une large cavité remplie de sable ou d'argile. Ces faits établissent que les sigillaires n'étaient ligneuses qu'au dehors, et avaient le centre formé d'une pulpe sans consistance, qui, bientôt détruite par la décomposition sous l'eau, a laissé un espace vide plus tard comblé par des sédiments limoneux. Un tronc ainsi composé, en majeure partie, de pulpe charnue, ne pouvait porter le poids d'un branchage; il se terminait donc brusquement comme le font aujourd'hui les grandes espèces de cactus. Des feuilles, petites relativement au végétal, et probablement de nature charnue, car elles ont en entier disparu, couvraient dans toute son étendue la tige des sigillaires, comme le témoignent les cicatrices laissées.

10. **Cycadées. Conifères.** — Ce qui frappe avant tout dans cette riche flore des temps houillers, c'est la puissance de développement et la prédominance des végétaux d'organisation inférieure, enfin des cryptogames, fougères, équisétacées, lycopodiacées. Pour cette végétation, la fleur n'existe pas. Sous leurs feuilles, les fougères avaient, comme les nôtres, des amas de corpuscules propagateurs; les lépidodendrons mûrissaient sous des écailles amassées en cônes leurs semences poudreuses; mais rien absolument n'avait quelque rapport avec les fleurs innombrables qui font aujourd'hui l'ornement de la terre. Avec ces végétaux d'ordre inférieur, d'autres cependant se montraient déjà, intermédiaires entre les phanérogames ou végétaux

à fleurs et les cryptogames ou végétaux dépourvus de fleurs. Ce sont les *Cycadées* et les *Conifères*. Nous réservons pour plus tard les développements à donner sur les cycadées. Quant aux conifères, il suffit de rappeler qu'ils sont représentés aujourd'hui par les arbres résineux, pins, sapins, mélèzes, cèdres, cyprès. Le genre actuel *Araucaria* est celui qui se rapproche le plus des espèces qui ont contribué à la formation de la houille. Les araucaria sont des arbres de grande taille, élégamment touffus ; ils ne se trouvent que sur les terres australes et forment par-

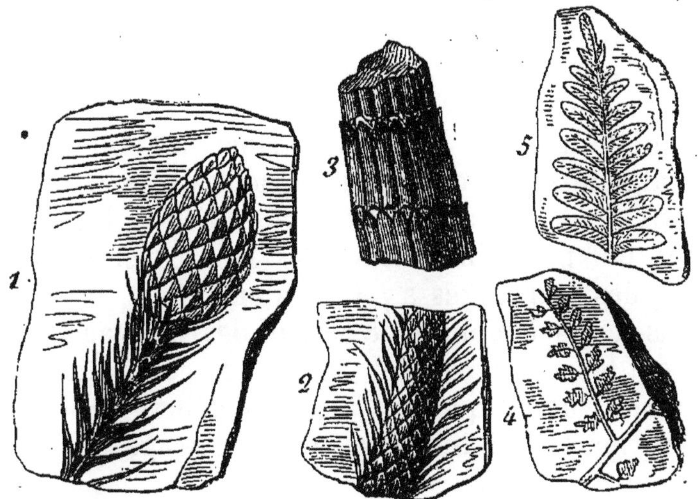

Fig. 47. — Végétaux de la houille. — 1, Walchia (conifère). — 2, Lépidodendron. — 3, Calamite. — 4, Sphénoptéris (fougère). — 5, Pécoptéris (fougère).

ticulièrement de vastes forêts au Chili et au Pérou. Quelques conifères houilliers ont un tronc qui dépasse une douzaine de mètres de hauteur. Leurs semences, de la grosseur d'une noisette, laissent encore convenablement distinguer leur structure, et sont répandues en extrème abondance dans certains lits de houille.

11. Origine de la houille. — Comme le prouve l'abondance de ses plantes fossiles, à l'état d'empreintes sur les schistes ou à l'état de restes charbonneux, la houille incontestablement a pour origine l'accumulation de débris végétaux. Mais comment s'est produite cette accumulation ?

D'après leurs coquilles fossiles, on reconnaît que les
bassins houillers du nord de la France et des pays voisins
dépendaient d'une mer où se rendaient des cours d'eau,
avec larges estuaires et deltas souvent inondés. Les basses
terres, au voisinage de ces embouchures fluviales, étaient
couvertes d'une luxuriante végétation, et devaient présenter quelque ressemblance avec ce que nous montrent
aujourd'hui les impénétrables fouillis de verdure des deltas
du Gange et du Mississipi. Pendant les crues, les eaux
charriaient, arrachés aux forêts voisines, des débris de
tout volume, tiges, feuilles, souches, végétaux entiers, qui,
enlacés en radeaux, venaient échouer à l'embouchure et
s'ajouter aux débris continuellement fournis par la végétation même des basses terres. Ainsi, sans doute, se sont
accumulés dans les lagunes marines, à l'embouchure de
leurs affluents, les matériaux ligneux de la houille. Pour
le centre de la France, alors terre émergée, les conditions
étaient un peu différentes. Des lacs considérables, des
étangs, des marécages s'y trouvaient çà et là répandus.
Ces bas-fonds étaient donc autant de réceptacles où s'entassaient les unes sur les autres les générations mortes
des plantes aquatiques, et tous les débris que balayaient
sur les terres voisines les pluies d'orage et les cours
d'eau.

Les estuaires et les deltas, sur le rivage des mers et des
lacs, ont ainsi reçu les matières végétales, qui, ensevelies
par lits sous des couches de sédiments minéraux, sont
devenues finalement la houille par une transformation
dont la cause est encore fort obscure. L'expérience que
voici peut néanmoins fournir quelques renseignements. Si
dans un canon de fusil, exactement clos, pour qu'aucun
produit gazeux ne s'échappe, on chauffe au rouge de la
sciure de bois, celle-ci entre en fusion et le résultat du
traitement est une matière noire, d'aspect bitumineux,
combustible avec flamme, offrant enfin une grande ressemblance avec la houille. La chaleur serait-elle réellement
intervenue dans l'élaboration finale du charbon de terre?
Ou plutôt ces effets rapides de la chaleur n'auraient-ils pas

été obtenus par la seule décomposition des matières végétales, continuée, pendant un temps indéfini, sous la pression énorme des assises du sol?

Avec la végétation telle qu'elle est aujourd'hui, une forêt de hêtres mettrait plus d'un siècle pour extraire, de l'acide carbonique de l'atmosphère, le charbon représenté par une couche de houille de 7 millimètres d'épaisseur. Quelle durée n'a-t-il donc pas fallu à la flore des sigillaires, des calamites et des fougères, pour donner cette prodigieuse abondance de charbon, qui, dans le nord de l'Angleterre par exemple, mesure jusqu'à 25 mètres pour l'ensemble des couches! Il est vrai qu'à l'époque houillère, l'activité de la végétation devait être d'une puissance exceptionnelle.

12. Distribution des dépôts houillers. — Les amas de houille sont séparés les uns des autres, quelquefois distants, quelquefois rapprochés par groupes. Ils correspondent, nous venons de le voir, soit à des lacs, des marais où s'amassait et pourrissait la végétation, soit à des embouchures où les cours d'eau de l'époque amoncelaient dans la mer les débris charriés. On les nomme *bassins houillers*. Le nombre de ces bassins aujourd'hui connus en France est de 62. Pour nous rendre compte de leur répartition, rappelons-nous les terres émergées de l'époque houillère. Ces terres sont la Bretagne, le massif des Ardennes, le massif du Var et le plateau de l'Auvergne. Suivons les contours de ce plateau et nous trouverons presque partout des amas de charbon; provenant des végétaux charriés pendant les crues et entassés aux embouchures dans la mer voisine.

Au nord, ce sont les houillères de Saône-et-Loire, dont la plus importante est celle du Creuzot; les houillères de la Nièvre, exploitées à Decize; les houillères de l'Allier, exploitées à Nogent et à Fins. A l'est sont les dépôts houillers de Roanne, Montbrison, Saint-Étienne, Rive-de-Gier, dans les départements de la Loire et du Rhône. Plus bas se trouvent ceux de l'Ardèche, ceux d'Alais, dans le Gard. Au sud s'étendent les houillères de l'Hérault et de l'Aude;

à l'ouest, celles du Tarn, de l'Aveyron, du Lot, de la Dordogne. Enfin, sur le plateau lui-même, d'antiqués lacs comblés de houille forment les bassins du Puy-de-Dôme et du Cantal.

Les autres terres alors à découvert ont pareillement leurs amas de charbon. Du massif des Ardennes dépend le bassin houiller du Nord, dont l'exploitation principale est à Valenciennes. Ce bassin se rattache aux riches dépôts de la Belgique. Les terres de la Bretagne ont donné les houillères du Finistère, de la Manche, de la Vendée ; enfin le massif méridional a fourni les houillères du Var.

13. Exploitation de la houille. — L'extraction de la

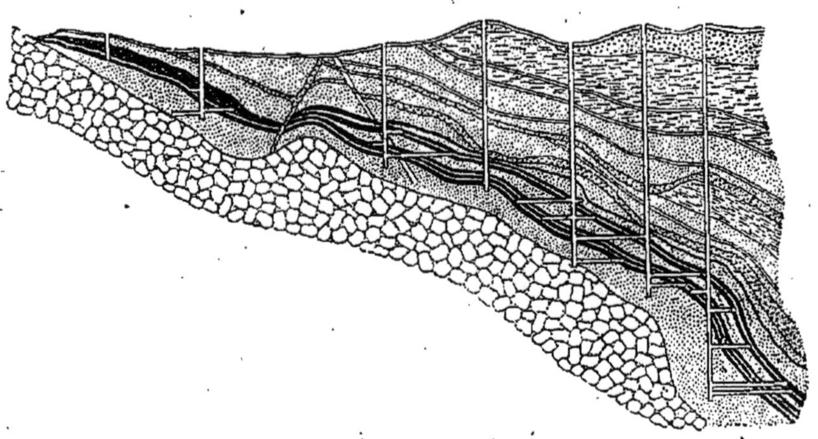

FIG. 48. — Coupe de l'exploitation d'une houillère.

houille se fait en général à une profondeur assez considérable. Dans quelques-unes de nos houillères, on descend jusqu'à 500 mètres; dans le Hartz, en Allemagne, on atteint la profondeur de 800 mètres. Pour arriver aux couches charbonneuses on creuse des *puits* verticaux, traversant les diverses assises de houille et le terrain superposé. Par ces puits se font la ventilation nécessaire au renouvellement de l'air, l'épuisement des eaux d'infiltration pour maintenir les galeries à sec, l'entrée et la sortie des mineurs qui se rendent à leurs travaux ou en reviennent, enfin l'ascension du combustible extrait. Des séries

FIG. 40. — Intérieur d'une houillère.

d'échelles disposées par étages, des bennes appendues à
des câbles que des machines enroulent sur un tambour ou
déroulent, servent de moyens de communication entre
l'extérieur et l'intérieur. Du flanc de ces puits partent, à
différentes hauteurs, des *galeries* qui pénètrent dans tous
les sens au milieu des couches de houille et se prolongent
peu à peu par le travail d'extraction. De solides étais en
bois avec plafond maintiennent les parois croulantes; des
rails, établis à mesure que la galerie se prolonge, faci-
litent le roulement des chariots chargés de houille.

14. Poissons sauroïdes. — Pendant la période houillère, les animaux vertébrés avaient pour uniques représentants, sur la terre ferme, les Labyrinthodons, à demi
Lézards, à demi Batraciens, hôtes des bas-fonds limoneux,

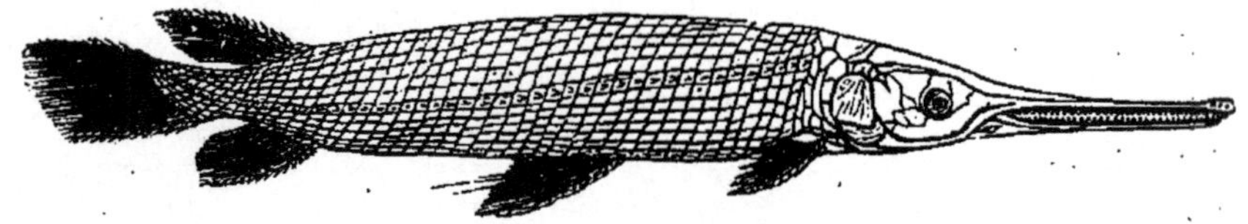

Fig. 50. — Lépidostée.

et dans les mers, des poissons, dont on a décrit plus de
150 espèces, appartenant pour la plupart, les unes à la
famille des *Squales* ou requins, les autres à la famille des
Sauroïdes. Cette période pourrait donc, à juste titre, être
appelée le règne des poissons.

Les *Sauroïdes* étaient de grands poissons voraces, rappelant l'organisation des reptiles sauriens, crocodiles et
lézards, par la structure de leur crâne et de leur squelette,
par leurs dents coniques, sillonnées à la base de rainures
longitudinales et égalant en dimensions les dents des plus
forts crocodiles; par leur vessie aérienne, bifide, cellulaire,
accompagnée d'une glotte, et présentant ainsi une certaine
ressemblance avec des poumons. Leur corps était cuirassé
de larges plaques d'émail, qui, au lieu d'être imbriquées
comme le sont les écailles des poissons ordinaires, étaient
simplement juxtaposées.

Cette famille, qui se partageait avec les Squales la domination des mers houillères, n'est représentée dans la faune moderne que par deux espèces : l'une du Nil, est le *Bichir* ou *Polyptère* ; l'autre, des fleuves de l'Amérique du Nord, est le *Brochet osseux* ou *Lépidostée*. En rappelant un peu les caractères de leurs antiques prédécesseurs, ces deux espèces forment une étrange exception parmi les poissons de l'époque actuelle, et constituent à elles seules une famille à part.

CHAPITRE IV

TERRAINS SECONDAIRES

TERRAIN TRIASIQUE

1. Division en étages. — Le terrain *triasique* ou de *trias* est ainsi appelé des trois puissantes assises qui le composent. L'inférieure est formée de grès dits *grès bigarrés* à cause de leur variété de coloration. L'intermédiaire consiste en bancs de calcaire très riche en coquilles fossiles et nommé pour ce motif *calcaire conchylien*. La supérieure comprend les *marnes irisées*, qui doivent leur dénomination à leur variété de coloration. Ces trois assises forment toute la partie occidentale des Vosges. Le grès bigarré se montre en quelques points du plateau central de la France, sur les pentes des Cévennes et dans l'Aveyron. L'étage moyen ou calcaire conchylien se retrouve dans le département du Var. Enfin les marnes irisées abondent en Lorraine et dans les contrées voisines ; elles contiennent des dépôts de sel gemme, d'où proviennent les sources salées du Jura.

2. Amas de sel gemme et de gypse. — Le sel marin, dont il se fait si grand emploi, tant dans l'industrie que dans l'alimentation, a deux origines : les eaux de la mer, d'où il est retiré par évaporation dans les marais salants; et les entrailles du sol, où il forme çà et là des couches plus ou moins puissantes, exploitées avec le pic à la manière d'une roche. Dans ce dernier cas, il prend le nom de *sel gemme*. Peut-être convient-il de voir dans ces bancs salifères les résidus de bras de mer qui, cernés par les terres, sans communication avec les étendues océaniques, et ne recevant pas d'affluents, ont perdu leurs eaux par l'évaporation et ont laissé à sec leurs matières salines, ensevelies plus tard sous d'épais sédiments. Très rarement le sel gemme est blanc; sa coloration habituelle est le rougeâtre, le verdâtre, le gris, coloration qu'il doit à la présence d'une petite quantité de matières étrangères. Souvent il est accompagné de *gypse* ou *pierre à plâtre*, c'est-à-dire de sulfate de chaux. Semblable association de sel gemme et de gypse est fréquente dans les marnes irisées. Comme exemple, citons les salines de Vic, en Lorraine, qui s'étendent sur une longueur de 25 kilomètres. A partir d'une soixantaine de mètres de profondeur, commencent les couches de sel, au nombre de douze ou treize, séparées les unes des autres par des nappes d'argile grisâtre. La puissance totale du dépôt atteint près de 109 mètres, dont les deux tiers appartiennent au sel gemme et le reste aux argiles intercalées.

3. Premiers mammifères. — A la fin de la période triasique se montrent pour la première fois les mammifères. Ces premiers-nés de la classe qui occupe le rang le plus élevé dans la série animale sont de petite taille et appartiennent à l'ordre le plus imparfait, à l'ordre des *Marsupiaux*, dont l'organisation présente une anomalie des plus singulières. Les jeunes, nés dans un état d'imperfection extrême, achèvent leur développement dans un *marsupium* ou bourse formée par un repli de la peau sous le ventre de la mère. Sauf les *Sarigues*, qui sont de l'Amérique, tous les marsupiaux de l'époque actuelle appartiennent à l'Aus-

tralie et aux îles voisines, dont ils forment la majeure partie
de la population mammifère.

Les marsupiaux du trias sont connus sous le nom de
Microlestes. Leurs restes, toujours rares et observés dans
le Wurtemberg, consistent en petites dents à deux racines.

4. **Empreintes de pas d'oiseaux.** — A l'époque triasique, la terre se peuple aussi des premiers oiseaux. Sur
les dalles de grès se sont conservées des traces où l'on

Fig. 51. — La Sarigue.

reconnaît des empreintes de pas laissées, sur la vase encore
molle du rivage, par divers oiseaux de l'ordre apparemment
des échassiers. Les plus extraordinaires de ces empreintes
ont été trouvées sur des plaques de grès rouge dans la vallée
du Connecticut (Amérique du Nord). Elles présentent trois
doigts, dirigés en avant. Leur longueur, du talon au bout
de l'ongle du doigt moyen, est comprise entre 43 et 46
centimètres ; l'ongle seul mesure près de 5 centimètres.

La longueur des enjambées varie entre 1^m, 3 et 1^m, 9. L'autruche, le plus grand oiseau aujourd'hui vivant, ne mesure
que 27 centimètres du talon au bout de l'ongle médian.
Elle pèse environ 100 livres et dresse la tête à deux mètres
et plus. L'oiseau qui a laissé ses énormes empreintes sur
les grès du Connecticut était donc, à en juger d'après l'ampleur seule du pied, presque deux fois aussi grand et aussi
haut que l'autruche. La faune moderne possédait, à Madagascar, un géant de la classe des oiseaux supérieur à l'au-

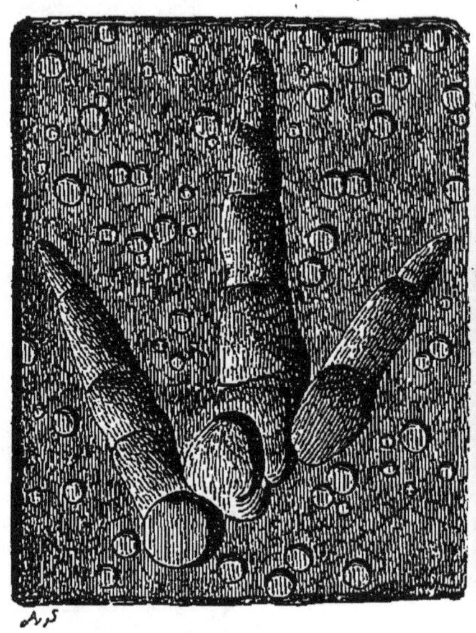

Fig. 52. — Empreinte de la patte d'un
oiseau et empreintes de gouttes de
pluie.

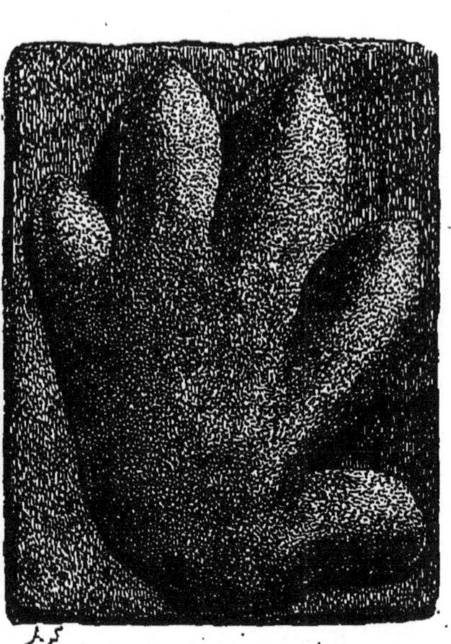

Fig. 53. — Empreinte de la patte
du Chirotherium.

truche. C'est l'Épiornis, aujourd'hui détruit jusqu'au dernier
par l'homme. Son œuf, dont on possède quelques spécimens
complets, a près de neuf litres de capacité. Pour l'égaler
en volume, il faudrait six œufs d'autruche, ou bien douze
douzaines d'œufs de poule. Sa taille était comprise entre
3 et 4 mètres et par conséquent était comparable à celle
de la girafe parmi les mammifères. L'oiseau du Connecticut
paraît avoir été, pour les dimensions, le pareil de l'Épiornis.

5. **Reptiles.** — Les mêmes grès du trias présentent

d'autres empreintes que l'on rapporte à un énorme batracien, le *Chirotherium* (animal à mains), ainsi nommé pour rappeler le seul document que l'on ait sur son existence, c'est-à-dire les traces de ses pattes laissées sur la boue de l'époque et semblables à l'empreinte de quelque monstrueuse main.

C'est dans la période triasique que les Chéloniens ou Tortues se montrent pour la première fois. Le témoignage de leur existence nous est pareillement fourni par des traces de pas imprimées sur des vases molles, plus tard durcies en roc. Enfin de grands reptiles sauriens, prédécesseurs de ceux que doit nous montrer l'époque jurassique,

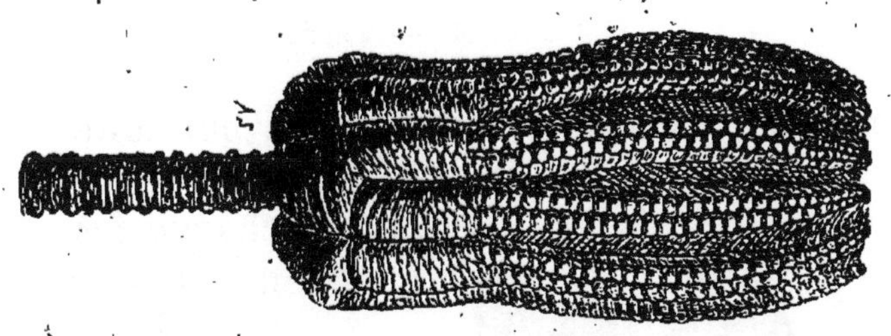

Fig. 54. — Encrine entroque.

complètent ce que la faune du trias a de plus élevé en organisation.

6. **Encrinites.** — Parmi les fossiles si nombreux du calcaire conchylien, nous remarquerons les *Encrinites*, dont quelques espèces existaient déjà lorsque se déposait dans les mers le calcaire carbonifère. Les encrinites appartiennent à la classe des animaux rayonnés et ont quelque analogie avec les étoiles de mer. Elles ont pour charpente solide une multitude d'osselets, au nombre de vingt-six mille environ dans l'espèce dite *Encrine lis* ou *Encrine moniliforme*. Revêtus d'une couche animale gélatineuse et empilés l'un sur l'autre, ces osselets sont disposés d'abord en une flexible colonnette, fixée par sa base élargie à quelque roche sous-marine; puis se groupent au sommet en un certain nombre de ramifications ou bras, tantôt rassemblés à la manière des pétales d'un lis en

9.

bouton, tantôt épanouis en rosace. Ces pièces osseuses, communément appelées *entroques*, se trouvent le plus

FIG. 55. — Voltzia.

souvent séparées les unes des autres par suite de la destruction de leur édifice primitif; elles présentent alors sur

FIG. 56. — Cycas.

chaque face l'élégant dessin d'une sorte de fleur à pétales étalés. Certaines roches, certains marbres, en sont littéralement pétris. Aujourd'hui les mers n'ont que de très rares représentants de ces animaux rayonnés, qui abondaient à l'époque du trias et aux époques ultérieures.

7. **Cycadées.** — Les végétaux des terres émergées à l'époque des mers triasiques consistaient en fougères arborescentes, différentes de celles de la houille; en conifères du genre *Voltzia*, aujourd'hui éteint; et enfin en cycadées, fré-

quentes dans les marnes irisées. Les cycadées sont des végétaux de forme élégante, à tronc court et gros, tantôt cylindrique, tantôt ovoïde ou arrondi, couvert par la base persistante de feuilles ou marqué de cicatrices circulaires. Ce tronc est couronné par un bouquet de grandes feuilles découpées, qui rappellent un peu celles des palmiers et sont roulées en crosse dans le jeune âge à la manière de sonder des fougères. Avec les conifères, dont elles se rapprochent par leur intime organisation, les cycadées constituent une série à part sous le nom de *phanérogames gymnospermes*. Deux genres seulement composent aujourd'hui cette famille, le genre *Cycas*, représenté par cinq espèces vivantes, et le genre *Zamia*, représenté par dix-sept espèces. Aucune de ces plantes ne croît en Europe, si ce n'est dans les serres. Les régions tropicales, les grandes îles de la mer des Indes, Madagascar, l'extrême sud de l'Afrique et la Nouvelle-Hollande, sont leur patrie.

Fig. 57. — Tronc fossile d'une Cycadée.

CHAPITRE V

TERRAINS JURASSIQUES

1. Terres émergées. — Le terrain *Jurassique*, abondamment répandu en France, en Europe, dans le monde

entier, emprunte son nom à la chaîne du Jura, l'une de
ses formations. De tous les terrains secondaires, c'est celui
qui, pour la plus grande part, entre dans le relief actuel
de notre pays.

A l'époque des mers qui le déposèrent, la terre ferme,
en France, comprenait le plateau central de l'Auvergne,
accru sur les bords de quelques lambeaux triasiques; l'îlot
du Var, entre Nice et Toulon; un autre îlot qui devait être

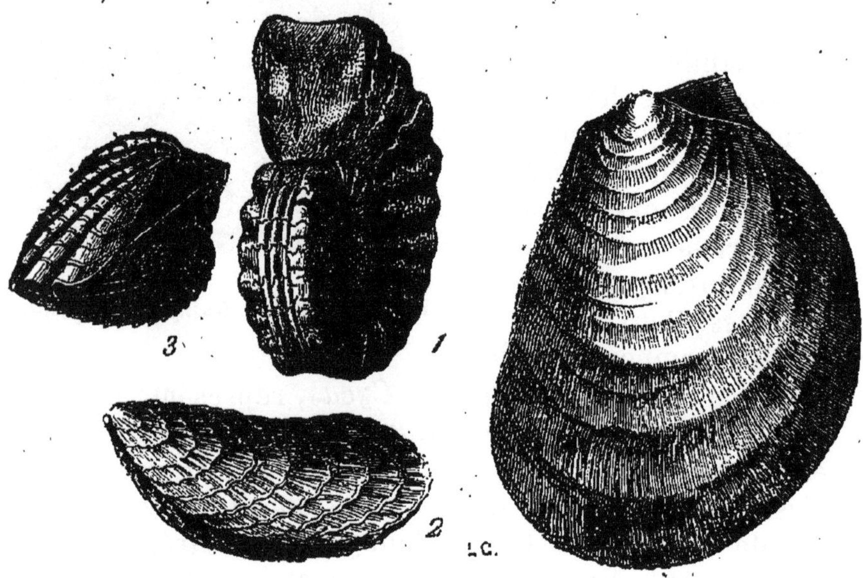

Fig. 58. — Fossiles du Lias. — 1, Ammonite de Buckland; — 2, Plicatule
épineuse; — 3, Spirifère de Walcot; — 4, Plagiostome géant.

la Corse; une grande terre qui, séparée du plateau central
par un détroit situé vers Poitiers, occupait la Bretagne et
se continuait par l'Angleterre, dont les îlots primitifs,
maintenant réunis, formaient un sol continu; enfin une
grande île, emplacement des Vosges et des Ardennes, pro-
longée dans la Belgique et l'Allemagne centrale.

Le terrain jurassique, d'une puissance qui dépasse un
millier de mètres, se subdivise en système du *Lias*, formant les couches inférieures, et en système *Oolithique*,
comprenant les assises supérieures.

1° *Système du Lias.*

2. Division en étages. — Dans le lias se reconnaissent trois étages. L'inférieur, *Grès du Lias*, se compose de grès quartzeux, blanc ou jaunâtre, renfermant des silex roulés. L'étage moyen, ou *Lias* proprement dit, est formé de calcaires gris ou bleuâtres, divisés en couches de peu d'épaisseur, que séparent des lits de marnes feuilletées. L'extrême abondance d'une coquille bivalve voisine des

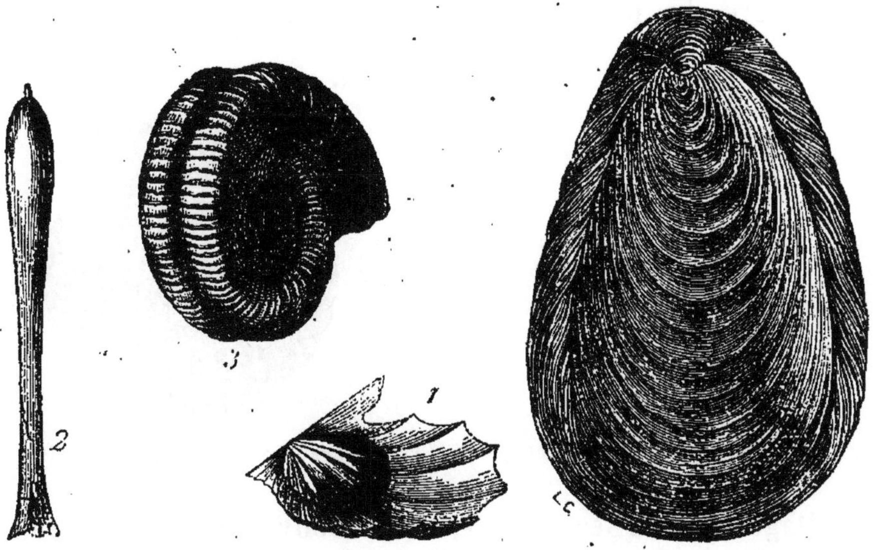

FIG. 59. — Fossiles du Lias ; — 1, Avicule inéquivalve ; — 2, Bélemnite pistilliforme ; — 3, Ammonite de Walcot ; — 4, Gryphée gondole.

huîtres, la *Gryphée arquée*, fait désigner le même étage sous le nom de *Calcaire à Gryphée arquée*. L'étage supérieur, *Marnes du Lias*, est, pour l'étendue superficielle ainsi que pour l'épaisseur, le plus important des trois. Ses matériaux dominants sont des marnes feuilletées, brunes ou bleuâtres, parfois noires, bitumineuses et renfermant des amas charbonneux exploitables.

3. Chaux hydraulique. — Pierre lithographique. Marbres compactes. — La présence de l'argile en assez forte proportion rend le calcaire du lias apte à donner de la chaux hydraulique, remarquable par sa propriété de durcir dans les lieux humides et même sous l'eau. Cette particularité fait que le mortier hydraulique est indispensable dans toute construction en présence de l'humidité, car en de telles circonstances le mortier ordinaire se délaierait sans pouvoir durcir. Le *ciment* est une variété de chaux hydraulique qui acquiert une grande dureté après un contact de quelques heures avec l'eau. Il provient d'un calcaire renfermant 40 centièmes environ d'argile. Il est gâché par petites portions et employé immédiatement, à la manière du plâtre. Le calcaire à ciment appartient à

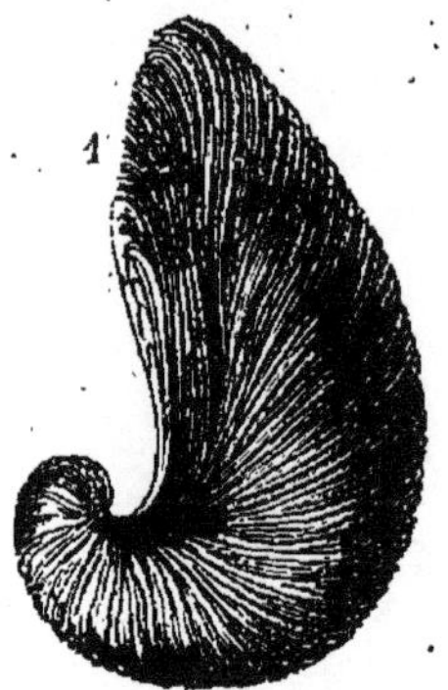
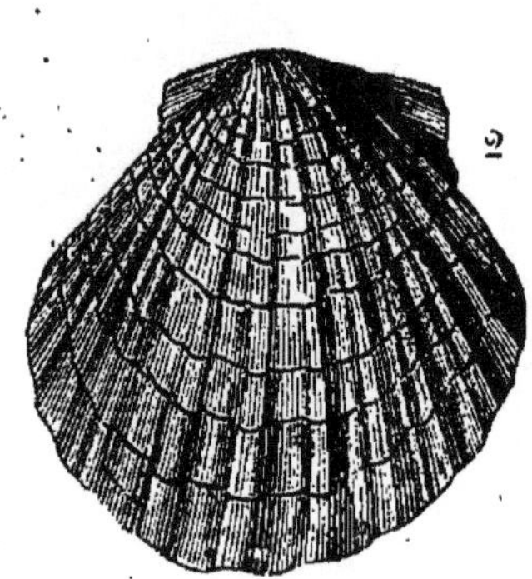

Fig. 60. — Fossiles du Lias; — 1, Gryphée arquée; — 2, Peigne lyonnais.

l'étage des marnes du lias; on le trouve en divers points de la France, notamment à Vassy dans la Haute-Marne. Le même étage des marnes liasiques fournit le *calcaire lithographique*, roche compacte, à grain fin, qui se laisse légèrement imbiber d'eau et remplit ainsi les conditions nécessaires à l'art de la lithographie. Le gisement le plus renommé est celui de Pappenheim, sur les bords du Danube, dans la Bavière. Les calcaires jurassiques de Périgueux, de Dijon, de Châteauroux, donnent aussi d'excellentes pierres lithographiques.

Enfin certains calcaires du lias, notamment dans les Pyrénées, sont devenus des marbres compactes au voisinage de roches éruptives à l'état d'incandescence.

4. Ichthyosaure. — L'époque du lias est surtout remarquable par ses reptiles de l'ordre des Sauriens, animaux à formes étranges, sans analogues de nos temps. Cette période pourrait être appelée *le règne des reptiles.* L'un d'eux est l'*Ichthyosaure*, dont le nom, signifiant poisson-lézard, fait allusion aux vertèbres de l'animal, creusées en cavité conique à chaque extrémité comme le

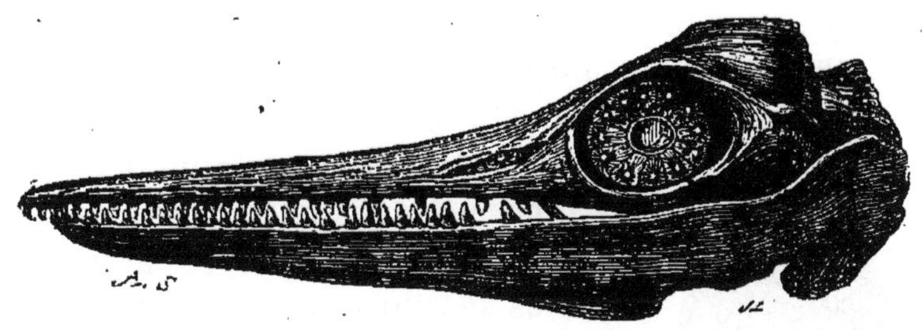

FIG. 61. — Tête d'Ichthyosaure.

sont les vertèbres des poissóns. Doués d'une queue vigoureuse et de larges pattes natatoires, les ichthyosaures étaient de puissants nageurs et vivaient dans la mer. On en connaît sept ou huit espèces. La plus grande mesure une dizaine de mètres en longueur. La tête, qui fait presque

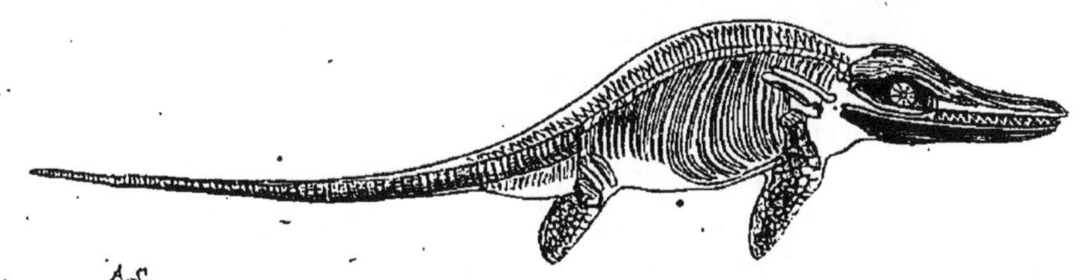

FIG. 62. — Ichthyosaure.

le tiers du corps, s'avance en un museau pointu, armé de dents coniques, dont le nombre s'élève jusqu'à cent quatre-vingts. Ce formidable appareil dentaire et la longueur des mâchoires devaient faire des ichthyosaures des animaux voraces, terreur des mers de l'époque. Les yeux ont un volume énorme, comme on n'en trouverait pas de comparable dans aucune des espèces actuelles; leur grosseur excède celle de la tête d'un homme. Ce volume du globe oculaire devait leur donner une extraordinaire puissance de vision, capable de scruter l'obscurité des nuits et les ténèbres des profondeurs océaniques. La sclérotique est en outre cerclée d'un anneau d'osselets qui, en se contractant ou se relâchant, augmentait ou diminuait la courbure de l'œil et permettait ainsi à l'animal de voir de près comme de loin à volonté, de se faire tour à tour myope ou presbyte, pour découvrir sa proie aux plus petites distances comme aux plus grandes. Le cou est très court, de manière que la tête est tout d'une venue avec le corps. Celui-ci porte quatre membres, dont les extrémités, composées d'une multitude de petits os aplatis assemblés les uns à côté des autres, forment de larges palettes, de robustes nageoires, comparables à celles de la baleine et des autres cétacés.

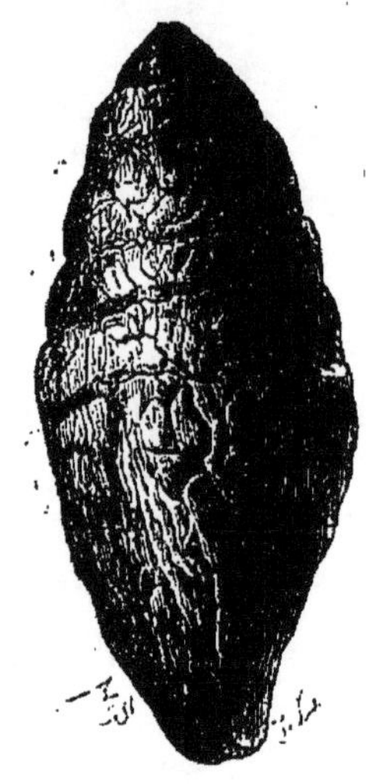

FIG. 63. — Coprolithe d'Ichthyosaure.

5. Coprolithes. — Avec les restes d'ichthyosaures, les marnes et les calcaires du lias nous montrent, parfois en grande abondance, des corps pierreux, du volume d'une pomme de terre, allongés, coniques aux deux bouts, et parcourus à la surface par une rainure spirale. Ces fossiles ont été reconnus pour des excréments d'ichthyosaures. Composés en majeure partie de matière minérale, c'est-à-dire de phosphate de chaux fourni par les ossements de la proie dévorée, ces résidus de la digestion nous sont parvenus intacts, convertis en une masse dure et compacte. On les désigne sous le nom de *coprolithe*, dont le sens est excrément-pierre. Leur examen nous fournit des renseignements les plus curieux sur le genre de vie des ichthyosaures. Les coprolithes, en effet, contiennent tous les débris que l'estomac n'a pu digérer, comme les écailles, les dents, les osselets; et de ces débris, il est facile de déduire le genre de nourriture. Les os se rapportent principale-

ment à des vertèbres de poissons ; mais il s'en trouve aussi
ayant appartenu à d'autres ichthyosaures plus jeunes et de
moindre taille. Ces monstrueux reptiles s'entre-dévoraient
donc ; le plus fort faisait voracement sa proie du plus
faible, quand venait à manquer l'habituelle nourriture, le
poisson.

Enfin le sillon spiral des coprolithes nous renseigne sur
un point d'organisation intime qui nous serait resté inconnu sans ces témoins excrémentitiels. Nous apprenons
ainsi que l'intestin des ichthyosaures était intérieurement

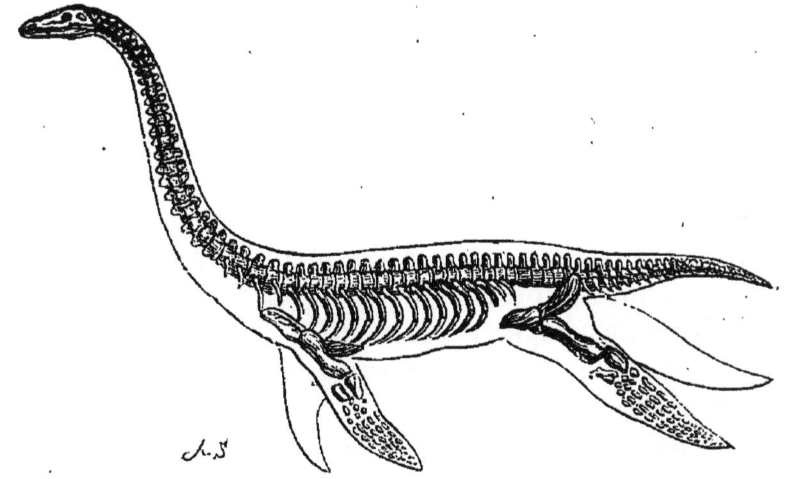

FIG. 64. — Plésiosaure.

parcouru par une membrane ou cloison spirale, figurant
une vis d'Archimède. Obligés de suivre cette rampe à vis,
les aliments prolongeaient ainsi leur séjour dans le canal
digestif et se trouvaient en contact avec une surface d'ab-
sorption considérable malgré la brièveté de l'intestin. Au
sortir de ce moule spiral, la matière expulsée conservait
la forme du trajet suivi et s'enroulait sur elle-même à la
manière d'une coquille turbinée. Pareille structure de l'intestin se retrouve aujourd'hui dans les poissons de la famille des squales ou requins.

Leur abondance en phosphate de chaux rend les coprolithes précieux pour l'agriculture, qui trouve en eux un

puissant engrais. Aussi sont-ils partout soigneusement re-cherchés. Du reste, il y a des coprolithes, appartenant à d'autres espèces animales, dans les terrains postérieurs au lias, notamment dans le grès vert des terrains crétacés.

6. Plésiosaure. — Avec des dimensions moindres, sa longueur ne dépassant guère trois à quatre mètres, le *Plésiosaure* est plus monstrueux encore de forme que l'*Ichthyosaure*. Sur un tronc pourvu de quatre pattes aplaties en rames, et terminé par une courte queue, s'élève, sem-blable au corps des serpents, un cou d'une longueur déme-surée, étroit et flexible en tous sens. Une petite tête le termine, armée de dents ainsi que la gueule d'un lézard. Le plésiosaure, n'étant pas organisé, comme son contem-porain l'ichthyosaure, pour lutter contre les vagues de la haute mer, habitait sans doute les eaux peu profondes, dans les anses abritées. On se le figure tantôt nageant à la sur-face, recourbant en arrière son cou onduleux à la façon du cygne, et le dardant tout à coup sur une proie facile, les poissons qui s'approchaient de lui ; tantôt caché sous l'eau, au milieu des végétaux marins, et tenant, à l'aide de son long cou, les narines à la surface pour les besoins de la respiration aérienne.

7. Ptérodactyle. — L'une des créatures les plus bizarres trouvées dans les ruines des anciens âges est le *Ptérodac-tyle*, genre de lézard organisé pour le vol. Les membres antérieurs ont un doigt extrêmement long, qui servait de support à une membrane alaire, analogue à celle de nos chauves-souris. Cette conformation est rappelée par le mot ptérodactyle, signifiant ailé-doigt. La tête porte un long bec d'oiseau, mais ce bec est armé de dents de reptile. Les yeux sont d'un volume considérable et permettaient probablement à l'animal de voir pendant le crépuscule. Les quatre doigts antérieurs, qui ne s'allongent pas pour entrer dans la charpente de l'aile, ont de longues griffes semblables à l'ongle crochu du pouce des chauves-souris. C'étaient là autant de crampons dont le ptérodactyle se servait pour ramper, grimper, se suspendre aux arbres et aux rochers. Les membres postérieurs sont longs et annoncent, par leur structure, que l'animal était apte, les ailes fermées, à se tenir debout, à progresser sur deux pattes, à percher comme le font les oiseaux. Il y en avait de la taille d'une grive ; les plus gros atteignaient les dimensions de l'oie. On présume que leur nourriture consistait en insectes ; on trouvè, en effet, des empreintes de libellules et des élytres de scarabées dans la même roche qui recèle les restes de ces êtres bizarres.

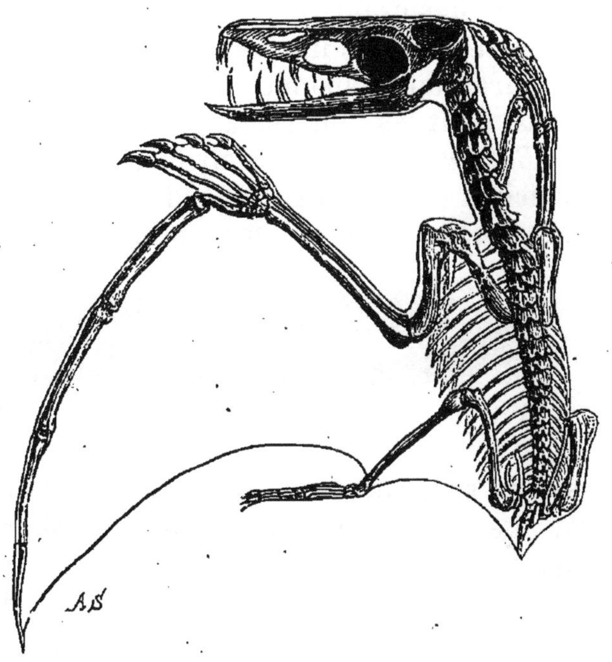

FIG. 65. — Ptérodactyle.

8. Mégalosaure. — Dans les mêmes couches du lias, s'est trouvé un lézard assez analogue de forme avec ceux de nos jours, en particulier avec les crocodiles, mais d'une longueur qui dépasse 22 mètres. Ce gigantesque reptile, grand comme une baleine, porte à juste titre le nom de *Mégalosaure*, le grand lézard. On n'en connaît que quelques débris qui suffisent néanmoins pour rétablir le squelette entier comme si l'animal avait laissé ses restes en place sur la même dalle de pierre. Le fémur et le tibia

mesurent chacun près d'un mètre, ce qui donne deux
mètres de longueur aux membres d'arrière, la patte non
comprise. Les os sont des cylindres creux comme cela
a lieu pour les animaux terrestres, et non pleins comme
ceux des animaux aquatiques. Le mégalosaure traînait
donc souvent sa lourde masse à la surface du sol. Les
dents, recourbées en forme de serpette et dentelées en fine
scie sur le tranchant, annoncent un animal vivant de proie,
qui se mettait probablement à l'eau à la poursuite des
poissons et des plésiosaures.

9. **Bélemnites.** — Le lias, ainsi que les autres étages
du terrain jurassique, abonde en fossiles de l'ordre des
céphalopodes, dont les plus remarquables sont les *Ammonites* et les *Bélemnites*. Après avoir formé par leur nombre
le fond principal de l'animalité pendant la période jurassique et la période crétacée, ces mollusques ont disparu

FIG. 66. — Bélemnite.

sans laisser un seul représentant dans les eaux des océans
modernes. Leurs débris se retrouvent abondamment
presque partout.

Les fossiles connus en géologie sous le nom de *Bélemnites* se composent de petits cylindres calcaires, généralement de la longueur et de la grosseur du doigt, terminés
en pointe à une extrémité et creusés d'une cavité conique
à l'autre. Cette cavité est occupée par un mince étui de
forme conique, portant le nom d'*alvéole* et divisé en
compartiments superposés ou *chambres* au moyen d'une
pile de cloisons concaves. Enfin un étroit canal ou *siphon*
traverse d'un bout à l'autre la série des cloisons et des
chambres, mais sans faire communiquer ces dernières
entre elles. Tous ces détails, le siphon surtout, ne sont
bien visibles que sur les rares échantillons bien conservés.
Assez souvent l'alvéole se rencontre séparée du reste de

la bélemnite. On la reconnaît aisément à sa forme en cône aigu et à sa structure qui l'a fait comparer à une pile conique de petits verres de montre. Quelques espèces de bélemnites, au lieu d'être cylindriques, sont fortement comprimées et très élargies tout en conservant la structure que nous venons de décrire. Tels sont les corps énigmatiques sur lesquels une centaine d'auteurs au moins ont écrit, à partir de l'antiquité, avant qu'on ait pu soupçonner leur véritable origine.

10. Bélemnites de Lyme-Regis. — D'heureuses découvertes faites dans les couches liasiques de Lyme-Regis, en Angleterre, ont jeté le jour le plus complet sur la nature des bélemnites. Quelques échantillons bien conservés ont démontré que les bélemnites, telles qu'on les connaissait jusque-là, c'est-à-dire formées d'une baguette courte et pointue de calcaire, n'étaient que des fragments d'un appareil plus compliqué, dont la grande délicatesse avait empêché une conservation plus fréquente dans les couches terrestres.

D'après ces échantillons, une bélemnite entière se compose d'une mince lame cornée, élargie en avant comme une spatule, et rétrécie en arrière, où elle se termine en un godet conique, qui n'est autre chose que l'alvéole chambrée dont il a été parlé plus haut; et enfin d'un fourreau pierreux, qui enveloppe l'alvéole et se prolonge considérablement en arrière sous forme de rostre cylindrique terminé en pointe. C'est ce rostre qui constitue les fragments de bélemnites généralement connus; sa grande consistance l'ayant préservé d'une destruction à laquelle la lame cornée n'a que très rarement résisté. Pareille lame cornée avec son godet terminal se retrouvant dans quelques céphalopodes, il devient très probable que les bélemnites ont appartenu à des céphalopodes, dont elles constituaient l'osselet interne.

11. Poche à encre. — Mais cette probabilité se change en certitude à la vue d'autres fossiles de Lyme-Regis qui, sous la spatule de la lame antérieure, à l'endroit même où les céphalopodes d'aujourd'hui ont leur poche à encre, montrent une pareille poche, dont l'encre s'est conservée fossile, et peut, tablette de sépia d'une effrayante antiquité, servir au lavis avec un plein succès. Ces poches, devenues une matière dure qui rappelle les bâtons d'encre de Chine, ont parfois près d'un pied de longueur, ce qui dénote des dimensions colossales dans les céphalopodes qui en étaient pourvus.

12. Organisation de l'animal. — Les données précédentes suffisent pour montrer que les bélemnites ont appartenu à des céphalopodes plus ou moins voisins des calmars. Mais on est allé plus loin, et il est possible aujourd'hui de tracer le croquis de l'animal des bélemnites avec presque autant de sûreté que s'il était question d'une espèce vivant de nos jours. Ce résultat, sur lequel il n'était guère permis de compter à cause du peu de consistance du corps des céphalopodes, a été obtenu au moyen de quelques

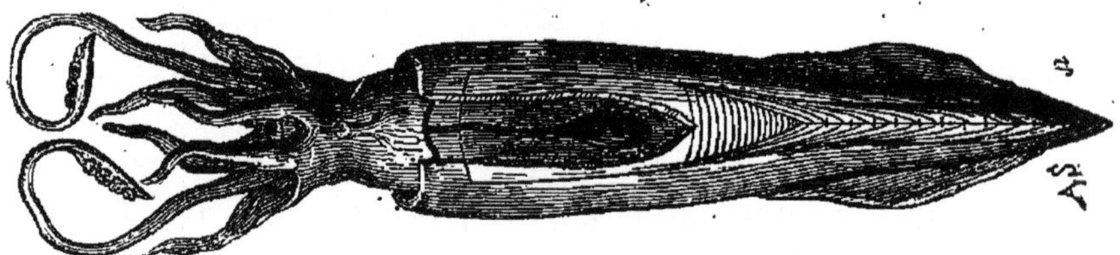

FIG. 67. — Restauration de l'animal à Bélemnite.

empreintes laissées par le corps entier de l'animal dans les marnes qui l'avaient enveloppé. Grâce à ces empreintes, on sait maintenant que l'animal des bélemnites, organisé sur le type commun à tous les céphalopodes, se composait d'un sac allongé, conique, muni sur les flancs, un peu au-dessous du milieu de sa longueur, de nageoires arrondies en avant; et d'une tête couronnée d'un cercle de bras, dont deux plus longs analogues aux bras tentaculaires des calmars. Ainsi que cela se voit encore pour quelques céphalopodes des mers actuelles, les bras des bélemnites, au lieu de ventouses propres à faire le vide, étaient armés de crochets acérés, espèces de griffes de chat qui pouvaient, à la volonté de l'animal, s'abriter inoffensives sous le repli d'une membrane où elles conservaient la finesse de leur pointe, ou se dresser tout à coup pour harponner une proie au passage.

13. **Rôle de l'osselet.** — Quant à l'osselet calcaire, ordinairement unique débris des bélemnites, on en conçoit l'usage d'après ce que l'on sait au sujet de l'os des seiches. Logé dans l'épaisseur du dos, il formait, avec sa lame cornée, une charpente solide, nécessitée par la puissance de nage qu'annoncent *a* forme élancée du corps et les nageoires latérales. En même temps sa pointe, arrivant à l'extrémité du sac, à fleur de la peau, constituait une armure défensive propre à supporter, sans inconvénients, les chocs qu'une nage rétrograde rendait inévitables. Enfin l'alvéole, avec ses chambres pleines d'air, avait évidemment pout but d'alléger cet appareil compliqué, appareil peut-être aussi lourd à l'état de vie qu'il l'est à l'état fossile. En résumé, l'osselet des bélemnites remplissait le même rôle que l'os des seiches modernes, son rostre formant un éperon défensif et son alvéole un flotteur.

14. **Nautile.** — D'autres céphalopodes ont une coquille extérieure, dans la cavité de laquelle l'animal est logé. Tel est, à notre époque, le *Nautile,* qui vit dans les mers des Indes. Sa coquille est divisée par des cloisons en une série de compartiments ou *chambres*, dont la dernière seule, la plus ample et la plus rapprochée de l'ouverture, est occupée par l'animal, les autres étant pleines d'air. On donne le nom de coquilles *multiloculaires* ou *chambrées* aux coquilles de céphalopodes ainsi divisées en plusieurs loges par des cloisons.

La bouche des nautiles, armée, comme celle des autres céphalopodes, de deux robustes mandibules en forme de bec de perroquet, est entourée par un cercle de trente-huit tentacules ou filets charnus, sans ventouses ni crochets. Chacun d'eux est enveloppé à la base par un fourreau membraneux dans lequel il peut, en se contractant, se retirer pendant l'inaction. Un disque musculaire, comparable au disque ou pied sur lequel se traînent les colimaçons, permet au nautile de ramper au fond de la mer, épanouissant ses trente-huit tentacules pour happer une proie, et portant sans gêne, au-dessus de lui, la coquille pleine d'air, que soutient seule la poussée de l'eau. De l'extrémité la plus reculée du sac du nautile part un tube membraneux, qui s'engage dans un orifice percé au centre de chaque cloison et traverse ainsi toutes les chambres, pour ne s'arrêter qu'au sommet de la spire de la coquille ; ce tube est le *siphon*. Il permet au nautile de se laisser couler au fond de la mer ou de venir flotter à la surface. Pour la descente, l'animal augmente le poids spécifique de la coquille en injectant dans le siphon, par suite de contractions musculaires, une partie des humeurs de son corps. Pour l'ascension, il vide le siphon en dilatant le

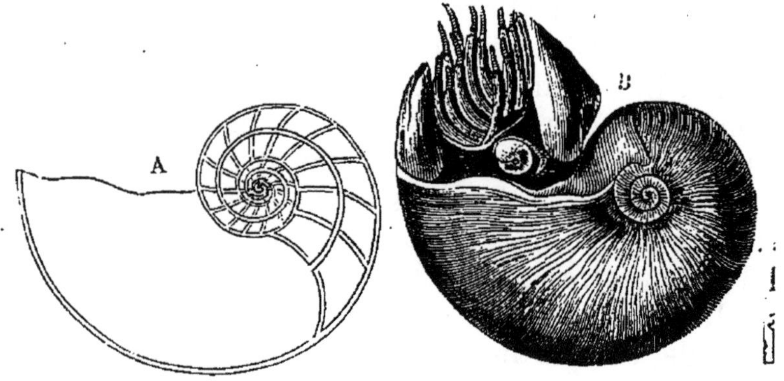

Fig. 68. — Nautile. — A, coupe de la coquille ; — B, animal dans sa coquille.

corps, et diminue ainsi la densité de son appareil hydraulique.

15. **Ammonites.** — Les nautiles, abondants à l'état fossile, se montrent déjà dans les couches les plus inférieures, dans les couches siluriennes, et, après avoir laissé de nombreux représentants dans presque toute la série des formations sédimentaires, arrivent jusqu'à nous, mais excessivement réduits en nombre. Cependant, quelle que fût leur abondance dans les antiques océans geologiques, elle était loin d'atteindre celle des *Ammonites*, autre genre de céphalopodes à coquille chambrée, dont les restes sont au nombre des fossiles les plus fréquents. Apparues plus tard que les nautiles et bien plus

abondantes, les ammonites ne nous ont pourtant pas
transmis vivante une seule de leurs innombrables espèces.
Vainement les mers les plus lointaines ont été explorées
avec tout le soin qu'on met aujourd'hui dans ces recher-
ches, nul n'a rien vu de vivant qui se rapportât à une
ammonite. C'est là un exemple frappant de ces populations
qui, maîtresses des mers pendant de longues périodes,
ont été à jamais anéanties.

Roulées en spirale dans un même plan, et fréquemment
ornées de côtes transversales noueuses, les coquilles
d'ammonites offrent quelque
ressemblance avec certaines
cornes de bélier. Les unes n'ont
guère que le diamètre d'une
pièce de cinquante centimes,
d'autres atteignent l'ampleur
d'une petite roue de voiture. On
en trouve déjà dans le terrain
de trias; mais leur nombre et
leurs espèces vont en augmentant dans le terrain jurassique
et surtout dans le terrain suivant, le terrain crétacé, par
delà lequel il n'en existe plus.

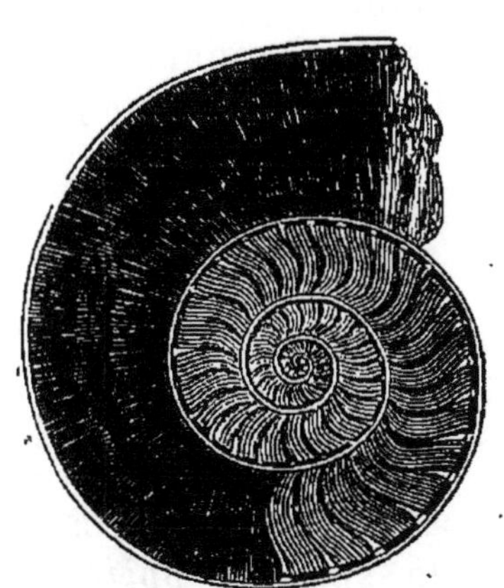

FIG. 69. — Section d'une
Ammonite.

16. **Organisation des ammonites.** — Pour la satisfac-
tion de notre juste curiosité, nous sommes réduits à
remonter de l'organisation connue des nautiles à l'organisation probable des ammonites, dont la coquille présente
avec celle des premiers l'analogie la plus frappante. Elle
est, en effet, divisée à l'intérieur en un grand nombre de
chambres par des cloisons dont les bords, extrêmement si-
nueux, se traduisent au dehors par d'élégants dessins ayant
quelque ressemblance avec les découpures d'une feuille de
fougère. Un siphon règne d'un bout à l'autre de la partie
chambrée; mais, au lieu de traverser les cloisons par leur
milieu, ainsi que cela se passe dans le nautile, il occupe
le dos de la coquille, c'est-à-dire le bord convexe de

l'enroulement. Il servait incontestablement aux mêmes usages que le siphon des nautiles, c'est-à-dire favorisait tour à tour la descente ou l'ascension dans les eaux de la mer, en augmentant ou diminuant la densité moyenne de la coquille. En avant de la partie chambrée, se voit, lorsque l'ammonite est bien entière, une longue loge pouvant faire jusqu'à un tour complet. Là se trouvait l'animal, terminé en arrière par un long tube membraneux qui formait le siphon, et, suivant toute apparence, épanoui en avant en nombreux filets tentaculaires. Au centre de ces tentacules était le bec, semblable à celui d'un perroquet, comme le démontrent les mandibules que l'on retrouve assez abondamment à l'état fossile, préservées de la destruction par leur robuste nature cornée.

2° Système oolithique.

17. Division en étages. Calcaire oolithique. — Les assises supérieures du terrain jurassique prennent le nom de *système oolithique* (du mot grec *òon* œuf), parce qu'elles consistent fréquemment en calcaires composés de globules arrondis, à couches concentriques, semblables à des œufs d'écrevisse et de homard. A ces calcaires sont associés des sables, des marnes, des argiles, en bancs d'une puissance considérable. Des minerais de fer souvent les accompagnent et alimentent les hauts-fourneaux de la Bourgogne, du Berry, de la Franche-Comté. D'après la nature des roches et surtout d'après les fossiles, on distingue dans ce système quatre étages, qui sont, en suivant l'ordre de superposition : l'étage de la *grande oolithe*, consistant en puissantes assises de calcaire oolithique ; l'étage *oxfordien*, formé surtout de marnes et d'argiles bleuâtres ; l'étage *corallien*, où abondent des débris de coraux ou madrépores ; l'étage *portlandien*, qui nous fournit la pierre lithographique de Solenhofen, en Bavière, célèbre pour sa richesse en fossiles, reptiles divers, poissons, insectes, végétaux.

18. **Archæoptoryx.** — Pour la première fois, dans les schistes calcaires de Solenhofen, se montrent, mais en très petit nombre, des restes authentiques d'oiseaux. Cette classe n'avait d'autres témoins jusqu'ici que les empreintes de pattes laissées sur les grès du trias. Or le fossile de Solenhofen nous met en présence d'un animal étrange, associant les caractères de l'oiseau à ceux du reptile. Son bassin est celui du lézard ; sa queue est celle d'un rep-

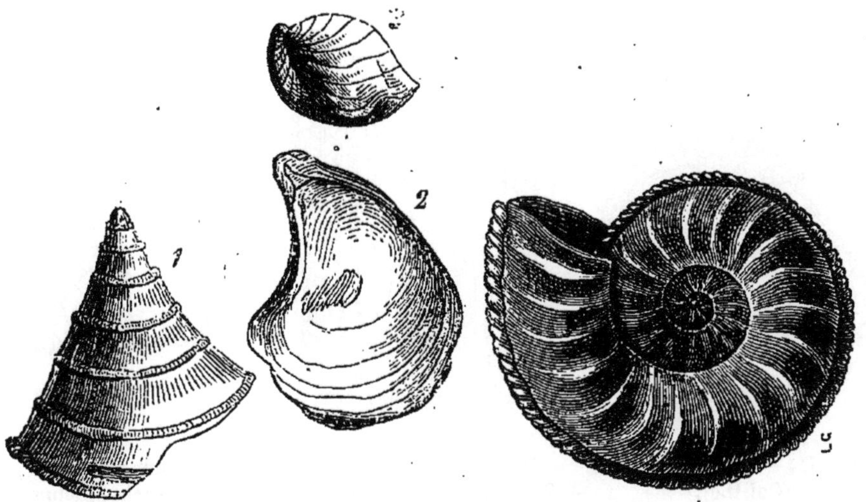

Fig. 70. — Fossiles de l'Oolithe. — 1, Pleurotomaire conoïde ; — 2, Huître acuminée ; — 3, Térébratule globée ; — 4, Ammonite margaritacée.

tile, mais une queue emplumée. Elle est formée d'une longue série de vingt vertèbres, portant chacune une plume de chaque côté.

19. **Mammifères.** — Des restes de mammifères, consistant en mâchoires inférieures, ont été trouvés dans les schistes de Stonesfield, en Angleterre, schistes qui font partie de la grande oolithe. Les cadavres de ces animaux terrestres ont été amassés sur le littoral de la mer jurassique par les cours d'eau de l'époque. Ces fossiles ont été reconnus pour appartenir à des marsupiaux, inférieurs de taille à notre vulgaire lapin. Ainsi, comme nous

l'a déjà appris le Microleste du trias, des marsupiaux de petite taille ont été les premiers représentants de la classe des mammifères. On donne le nom d'*Amphiterium* et *Phascolotherium* à ces premiers-nés des animaux à mamelles. Les mêmes schistes de Stonesfield renferment des débris d'insectes, notamment des élytres de coléoptères.

20. **Sauriens.** — Pendant la période oolithique se continue, mais en décroissant, le règne des grands reptiles sauriens. Les ichthyosaures disparaissent, tandis que

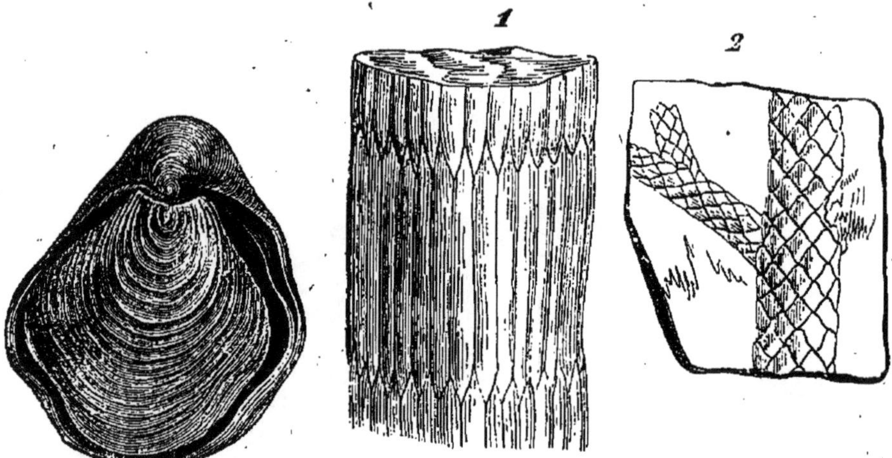

FIG. 71. — Gryphée dilatée (Oolithe).

FIG. 72. — 1, Fragment de l'Équisetum columnare; — 2, Fragment d'un conifère du genre Brachyphyllum.

persistent les plésiosaures et les ptérodactyles. De nouveaux genres se montrent : tels sont, dans la grande olithe, des crocodiles voisins du gavial actuel du Gange, remarquable par son museau grêle et très allongé; dans l'étage portlandien, d'autres crocodiles nommés *Téléosauriens*, qui mesuraient jusqu'à dix mètres de longueur, dont trois à quatre pour la tête seule. Plus agiles que les crocodiles modernes, cuirassés sur le dos et sur le ventre, doués d'une gueule puissamment armée et s'ouvrant de deux mètres, les téléosauriens devaient être la terreur des eaux; ils remplaçaient, dans l'œuvre de vorace destruction, leurs prédécesseurs, les ichthyosaures.

21. Flore. — La végétation contemporaine de ces mar-supiaux et des téléosauriens consistait surtout en coni-fères, en cycadées, en fougères, en prêles de grande dimension. Les conifères nous offrent le genre *Brachyphyllum*, se rapprochant de quelques végétaux actuels de l'Amérique méridionale. Les feuilles étaient courtes, charnues et insérées sur une large base en forme de losange. Les prêles ont pour principal représentant l'*Equisetum columnare*, dont le nom fait allusion à la tige, comparable de grosseur à un fût de colonne.

L'île de Portland, sur les côtes de l'Angleterre, est

Fig. 73. — Couche à conifères et cycadées fossiles de l'île de Portland.

renommée pour ses troncs de cycadées et de conifères fossiles, ensevelis dans un calcaire qu'ont formé des boues déposées par les eaux douces. Ces troncs, convertis en silice, sont encore debout à la place même où ils vécurent; ils sont enracinés dans la terre végétale qui les a nourris. En quelques points, le sol a été soulevé en inclinant avec lui la végétation qui le recouvrait. Dans ce cas, les troncs ont perdu leur verticalité primitive, tout en restant per-pendiculaires à l'assise où plongeaient leurs racines. A tant d'autres preuves des oscillations du sol vient donc s'ajouter le témoignage des cycadées et des conifères de Portland, dérangées de leur direction naturelle par le re-dressement de leur support.

CHAPITRE VI

TERRAIN CRÉTACÉ

1. Configuration des terres. — L'émersion d'une partie des dépôts jurassiques donne à la terre ferme une configuration nouvelle et limite les bassins où la mer de l'époque crétacée va déposer ses énormes assises. Le plateau central de la France est relié maintenant en une terre continue d'une part avec la Bretagne et l'Angleterre, d'autre part avec l'île des Vosges et des Ardennes, se prolongeant au cœur de l'Allemagne. Cette terre est échancrée au nord par un vaste golfe, qui occupe en particulier l'emplacement de Paris et s'avance jusqu'à Poitiers, où la terre ferme s'étrangle en un isthme ; au sud, elle est baignée par une mer couvrant les plaines où seront plus tard Bordeaux et Toulouse ; à l'est, elle est limitée par un large détroit qui occupe à peu près la vallée du Rhône et s'allonge de Marseille à la Suisse. Par delà ce détroit est une grande île, qui marque l'emplacement futur des Alpes. Enfin de petits îlots occupent les environs de Nice et de Toulon. L'île de Corse, déjà émergée aux époques précédentes, n'est pas modifiée.

2. Division en étages. — Dans les mers ainsi circonscrites, pendant une longue période de tranquillité, se déposent les terrains crétacés, qui atteignent de 2000 à 3000 mètres d'épaisseur et couvrent aujourd'hui la douzième partie de la superficie totale de la France. La roche dominante est un calcaire blanc et de peu de consistance, la *craie (creta)*, qui a donné son nom au terrain. Pour la première fois deux mers distinctes, l'une au nord, l'autre au sud, occupent les régions occidentales de l'Europe, en particulier l'emplacement de la France. Quoique contemporains, les dépôts amassés dans ces deux bassins présentent quelques différences, notamment pour les fossiles. Les terrains crétacés se subdivisent en trois étages : l'*étage inférieur* ou *néocomien*, l'*étage moyen* ou *grès vert*, l'*étage supérieur* ou *craie*.

3. **Étage néocomien.** — L'étage néocomien emprunte son nom à la ville de Neufchâtel (*Neocomium*), en Suisse, aux environs de laquelle il est particulièrement développé. Il

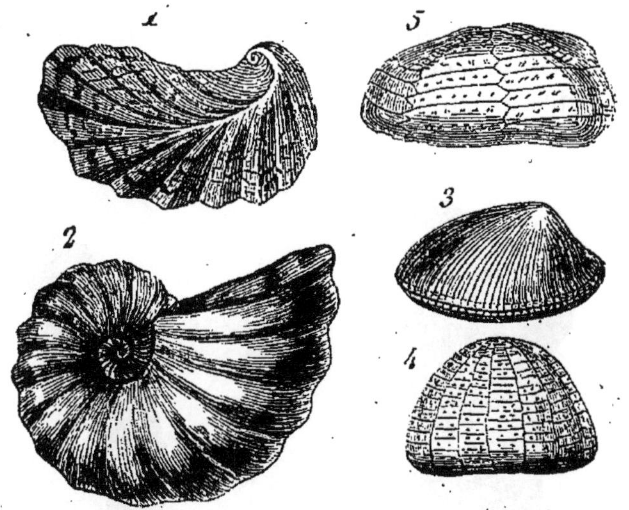

Fig. 74. — Terrain crétacé ; — 1, Exogyre plissée ; — 2, Ammonite de Rouen ; — 3, Nuculu peigne ; — 4, Ananchite ovale ; — 5, Spatangue émoussé.

se montre, en énormes assises de calcaire compacte, notamment dans la Bourgogne, la Franche-Comté, le Dauphiné et la Provence, enfin sur l'emplacement du long bras de mer qui s'étendait de Marseille à la Suisse.

4. **Céphalopodes.** — Des bélemnites et des ammonites, de très grande taille souvent, ainsi que d'autres céphalopodes analogues, sont les principaux fossiles marins du terrain crétacé dans ses divers étages. Nulle part ces animaux ne se montrent ni aussi nombreux ni aussi développés. Si l'époque houillère est le règne des fougères arborescentes et des poissons sauroïdes; l'époque jurassi-

que, le règne des reptiles monstrueux; l'époque crétacée
est elle-même le règne des céphalopodes à coquille cloisonnée. Mais cet état florissant fut suivi d'une extinction
totale, car au-dessus des dépôts crétacés, les bélemnites,
les ammonites et leurs analogues ne se retrouvent plus.

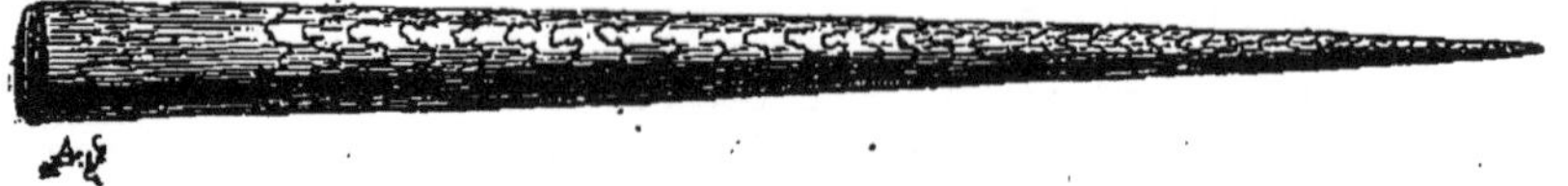

FIG. 75. — Bacculite.

Parmi les céphalopodes voisins des ammonites, c'est-à-
dire doués d'une coquille chambrée, que parcourt d'un
bout à l'autre un siphon et dont la dernière loge était seule
occupée par l'animal, se trouvent les *Bacculites*, dont les

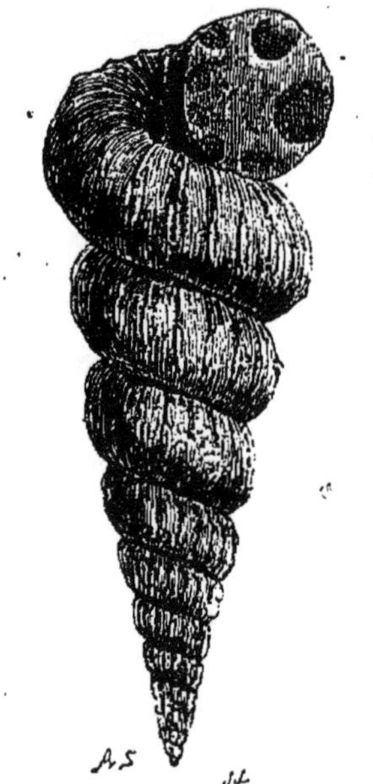

FIG. 76. — Turrilite.   FIG. 77. — Toxocéras.

loges sont empilées en un long cône sans aucun enroulement; les *Turrilites*, enroulées en une spire aiguë comme
le sont les vulgaires coquilles turbinées; les *Crioceras*,
enroulés sur un même plan en une spirale à tours séparés

l'un de l'autre et rappelant, sous ce rapport, une corne de bélier ; les *Ancyloceras*, qui s'enroulent d'abord en spire disjointe, puis se prolongent par une portion rectiligne et se recourbent en crosse à l'autre bout ; les *Toxoceras*, légèrement fléchis en arc et affectant ainsi la courbure d'un cimeterre ; les *Hamites*, formant une spire irrégulière, elliptique. Ces divers genres de céphalopodes chambrés, et quelques autres de moindre importance, abondent dans l'étage néocomien ainsi que dans les étages suivants du

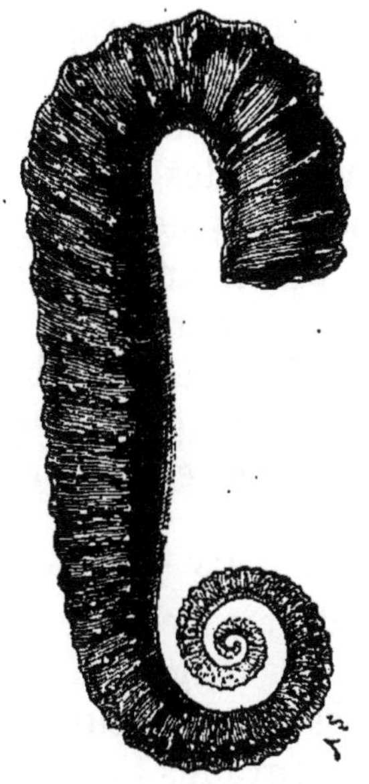

FIG. 78. — Ancylocéras.

FIG. 79. — Criocéras.

terrain crétacé, mais représentés ici par certaines espèces et là par d'autres.

5. **Dépôts wealdiens.** — A l'époque de la mer néocomienne, les terres étaient assez étendues pour avoir de grands cours d'eau, à l'embouchure desquels s'entassaient les débris végétaux ou animaux charriés pendant les crues, ainsi que les sables et les limons. Ainsi se formèrent çà et là, sur le littoral, de petits dépôts d'eau douce, reconnaissables à leurs fossiles, qui ne proviennent plus des popu-

lations marines, mais appartiennent à des espèces lacus
tres ou terrestres.

Le plus célébre de ces dépôts se montre en Angleterre,
où il porte le nom de *weald,* expression que l'on retrouve
dans le terme de *wealdien.* Les calcaires y sont pétris de
paludines, coquilles turbinées caractéristiques des eaux
stagnantes; les feuillets d'argiles y abondent en cyclades
et anodontes, coquillages à deux valves également répandus dans les eaux douces tranquilles. Des poissons analogues à ceux de nos étages, des tortues lacustres y ont laissé
leurs squelettes et leurs carapaces.
Dans les couches de vase durcie en
roc se montrent, encore debout aux
points où ils vécurent, des troncs de
conifères et surtout de cycadées, devenus blocs de silice. Les animaux supérieurs y sont représentés par des
débris d'oiseaux de l'ordre des échassiers, et par un reptile plus gigantesque
encore que le mégalosaure du terrain
jurassique.

FIG. 80. —Dent de l'Igua-
nodon.

6. **Iguanodon.** — Ce reptile est
l'*Iguanodon,* qui devait mesurer plus
de vingt mètres de longueur. L'os
de sa cuisse surpasse en grosseur celui
des éléphants les plus grands. Ses dents,
façonnées en scie sur les bords et sur-
montées d'une couronne plate, fonctionnaient comme des
pinces, des cisaillles, propres en même temps à trancher,
à arracher, à broyer. L'animal était herbivore et broutait
soit le feuillage coriace des cycadées, soit des racines. On
présume qu'il était revêtu d'une cuirasse d'écailles et armé
sur le nez d'une corne.

Parmi les animaux modernes, le seul dont la dentition
rappelle celle du reptile des wealds est l'*Iguane,* qui vit
aussi de matières végétales et habite les régions les plus
chaudes de la terre, entre les tropiques. Cette similitude
de dents a fait donner au reptile wealdien le nom d'*I-*

guanodon (dents d'iguane). De ce que les iguanes actuels ne peuvent vivre que soûs les climats les plus chauds, on est en droit de conclure qu'à l'époque où leur analogue, le monstrueux iguanodon, habitait les deltas fangeux qui sont devenus les wealds, la température de l'Angleterre et de l'Europe en général était au moins celle des régions intertropicales modernes. C'est du reste une conséquence à laquelle nous amènent une multitude d'autres faits.

7. **Hylœosaure.** — Aux mêmes dépôts wealdiens appartient un autre grand reptile voisin des iguanes, l'*Hylœosaure* (lézard des bois), dont les restes annoncent une longueur de huit mètres. Une suite d'os plats, longs et triangulaires, disposés sur la ligne médiane du corps, nous apprend que l'animal avait le dos surmonté d'une ample frange cutanée, d'une crête à charpente osseuse, de même que les iguanes actuels ont, tout le long du dos, une rangée d'épines ou plutôt d'écailles redressées. A ces débris de la crête dorsale sont associées de grandes plaques osseuses qui probablement étaient enchâssées dans la peau et lui donnaient la solidité d'une cuirasse.

8. **Etage du grès vert.** — Il consiste surtout en bancs de grès de couleur très variable, mais où abondent fréquemment de petits grains verdâtres, nommés *glauconie* ou *grains choriteux*, dans la composition desquels il entre du silicate d'alumine et du silicate de fer. Avec ce grès sont associés des calcaires et des marnes bleues. Dans la partie supérieure, l'élément calcaire domine, tantôt compacte, tantôt terreux, mais toujours mélangé de grains verts. C'est alors la *craie verte* ou *craie chloritée*. Les falaises d'une partie de la Manche, les environs de Rouen, la Champagne, la Sarthe, le département de Vaucluse, sont au nombre des régions de la France où cet étage a le plus de développement.

9. **Nodules de phosphate de chaux.** — C'est dans le grès vert que se trouvent les nodules de phosphate de chaux, matière minérale d'un haut intérêt agricole, car elle vient puissamment en aide aux engrais ordinaires et fournit aux récoltes, aux céréales surtout, l'acide phospho-

rique, qui leur est indispensable. Ces nodules sont des masses irrégulières, souvent verdâtres, variant de la grosseur d'une noisette à celle du poing. Ils peuvent contenir en phosphate de chaux, la moitié de leur poids et au delà, Le reste se compose de calcaire, de silice, de [silicate de fer. Le traitement qu'on leur fait subir avant de les livrer à l'agriculture consiste à les réduire en poudre, puis à les arroser d'acide sulfurique qui, s'emparant d'une partie de la chaux, rend le phosphate plus soluble et de la sorte plus rapidement et plus facilement absorbable par les végétaux. Quant à leur origine, on présume que des émanations

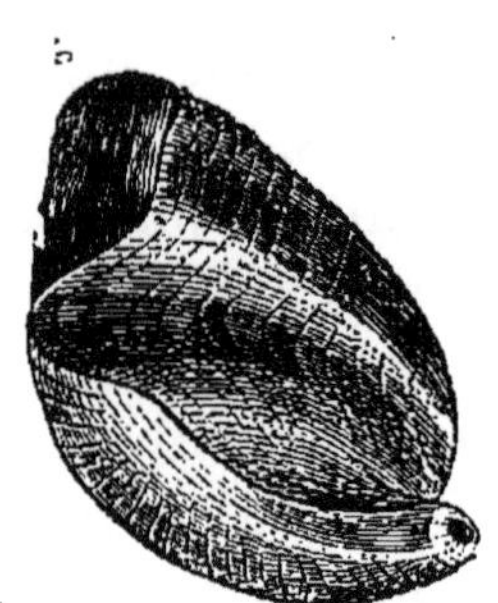

FIG. 81. — Térébratule selle (Grès vert).

FIG. 82. — Gryphée colombe (Grès vert).

de vapeurs phosphoriques, issues des profondeurs du sol, ont transformé en phosphate ce qui d'abord était calcaire. Peut-être encore, ces nodules ne sont-ils que des débris roulés d'une roche plus ancienne, en majeure partie formée de phosphate de chaux, roche qui aujourd'hui constitue en certains points des collines entières, par exemple dans l'Estramadure, en Portugal, où elle est exploitée comme simple pierre à bâtir. Dans quelques cas, ces nodules paraissent se rattacher aux coprolithes, c'est-à-dire aux résidus digestifs des animaux marins vivant de proie, comme nous l'avons établi au sujet des Ichthyosaures jurassiques. Si le rapprochement est juste, les excréments des voraces populations des mers antiques apporteraient ainsi dans nos cultures, avec leur pâte d'os broyés, l'un des plus énergiques éléments de richesse végétale.

10. Étage de la craie. — Nature de la craie. — Nodules de silex. — La craie, plus ou moins pure, est la roche dominante de cet étage. La partie inférieure, mélangée de sable et d'argile, porte le nom de *craie tufau*. Cette assise se montre en Touraine, dans l'Indre, le Loir-et-Cher. La partie supérieure est la véritable craie, blanche, friable et laissant trace sur la ligne frottée. Elle est abondante en Champagne; elle donne à l'Aube ses rives blanches et son nom (*alba*, blanche). Exploitée à Meudon, près de Paris, elle fournit ce qu'on nomme le *blanc d'Espagne* ou le *blanc de Meudon*. Le traitement se borne à délayer la craie brute dans de l'eau, qui laisse déposer les particules grossières et tient en suspension la matière fine. Celle-ci est recueillie, rassemblée en pains et desséchée à l'air.

FIG. 83. — Micraster cœur de serpent (Craie).

Examinée au microscope, la craie nous montre une infinité de coquillages ou carapaces à formes élégantes. Un pouce cube de matière peut renfermer jusqu'à 10 millions de ces corpuscules, dont chacun a été l'habitacle d'un être vivant. L'étage de la craie, avec son épaisseur qui, dans le bassin de Paris, atteint près de 300 mètres, se serait donc formé par l'entassement des carapaces calcaires d'animaux microscopiques.

Les sondages effectués dans l'océan Atlantique, pour la pose des télégraphes sous-marins, nous apprennent qu'aujourd'hui encore s'amasse, dans les grandes profondeurs, une bouillie crayeuse, formée des débris d'animalcules, que les courants amènent des eaux chaudes des tropiques et laissent choir au fond ainsi qu'une délicate neige.

Enfin l'étage de la craie présente, disséminés çà et là,

des blocs ou rognons de silice, de volume très variable. Ces blocs ne sont pas des fragments roulés, venus d'ailleurs par l'action des courants; ils se sont produits sur place, apparemment par des infiltrations d'eaux siliceuses.

11. Squales. — Pour balancer leur prodigieuse exubérance de vie, les mers ont eu, à toute époque, des animaux de proie, puissamment organisés en vue de l'extermination. A l'époque de la houille, les poissons sauroïdes, aux appétits voraces, maintenaient dans de justes limites les populations des océans. Sont venus plus tard continuer le même rôle les monstrueux sauriens des temps jurassiques. A ceux-ci succèdent comme exterminateurs du trop nombreux et du trop faible, les *Squales* ou vrais *Requins*, qui pour la première fois apparaissent dans l'étage de la craie et se maintiennent jusqu'à nous, mais amoindris de taille et sous de nouvelles formes. De ces ravageurs des mers, il ne nous reste que les dents, seules parties assez dures pour résister à la destruction. Le squelette des squales est, en effet, peu riche en matière minérale, presque cartilagineux, et manque ainsi des qualités nécessaires

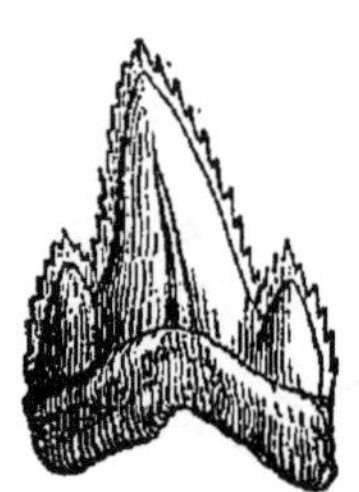

FIG. 84. — Dent de Squale.

pour assurer la conservation des fossiles. Les requins des mers modernes ont les dents triangulaires, aplaties, tranchantes sur les bords ou dentelées en scie, et disposées en plusieurs rangées concentriques sur toute l'entrée de la formidable gueule. Les squales des antiques mers leur ressemblaient sous ce rapport, mais leur taille était de beaucoup supérieure, comme l'établit le petit calcul suivant. Nos plus grandes espèces de requins mesurent 10 mètres de longueur et ont des dents de 4 à 5 centimètres de haut. Or, dans les couches de la craie, se rencontrent des dents de squales longues de 12 centimètres. L'animal qui les portait à sa mâchoire avait donc de 24 à 30 mètres de longueur. Sa gueule ouverte mesurait 3 mètres de diamètre et 9 mètres de circuit. Quelle proie ne fallait-il pas à cet horrible gouffre!

12. Mosasaure. — A diverses reprises, notamment à l'époque jurassique, nous avons vu les mers peuplées de grands reptiles sauriens. De nos temps, les populations marines n'ont rien de comparable. Les sauriens de grande taille, crocodiles, alligators et caïmans, fréquentent les eaux des lacs et des fleuves, mais aucun ne vit au sein des océans. C'est dans les mers de la période crétacée que se clôt la longue série des sauriens pélagiques.

Les assises supérieures de la craie, aux environs de Maëstricht, nous ont conservé comme dernier représentant de ces féroces reptiles le monstrueux *Mosasaure*, dont

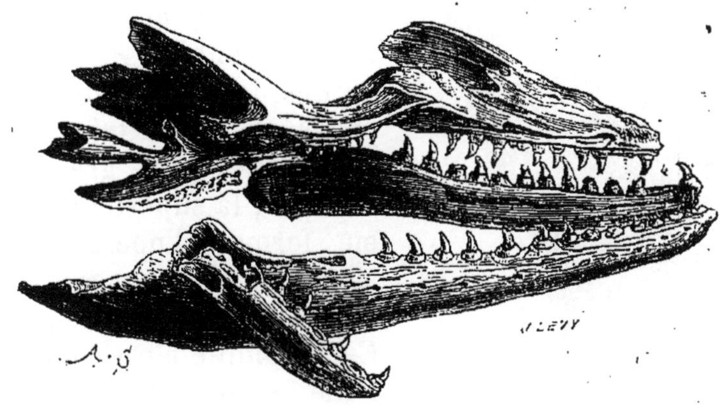

FIG. 85. — Tête du Mosasaure de Maëstricht.

la tête seule mesure un mètre et demi de longueur. L'animal entier, d'après les débris qui nous restent, n'avait pas moins de 8 mètres. De vigoureuses dents coniques arment les deux mâchoires, d'autres hérissent le palais, plus petites, recourbées en arrière et semblables aux dentelures d'une flèche barbelée. Harponnée par les crocs de ces dents palatines, la proie franchissait le gosier sans pouvoir s'échapper. Les vertèbres sont concaves sur une face, convexes à l'autre, et s'adaptent ainsi par une articulation hémisphérique très apte à la flexion dans tous les sens. La queue, aplatie latéralement et consolidée par une charpente d'os en chevron fixés au corps de chaque vertèbre, ainsi que cela se passe chez les poissons, constituait une rame des plus puissantes. Enfin les pattes étaient disposées en larges palettes natatoires comme celles de l'ichthyosaure et de la baleine. Le mosasaure était donc un véloce nageur, rivalisant, dans la poursuite de la proie, avec les squales ses contemporains.

13. Rudistes. — A l'époque crétacée, deux grandes mers sans communication entre elles baignaient, avons-nous dit, les régions occidentales de l'Europe. L'une, au nord, couvrait le bassin de Paris et de Londres; l'autre, au sud, occupait le bassin de Bordeaux. Parmi les fossiles caractéristiques de cette mer du sud-ouest et du sud de la France, sont les *Rudistes*, coquilles de l'ordre des brachiopodes, à valves très inégales, l'inférieure plus grande, fixe, conique; la supérieure mobile, en forme d'opercule. Leur structure massive et grossière leur a valu le nom de rudistes. Cette famille n'est connue qu'à l'état fossile et dans les terrains crétacés; les mers actuelles n'en possèdent aucun représentant.

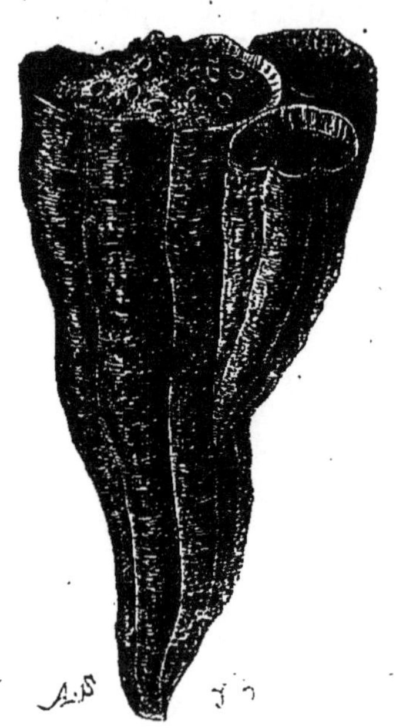

Fig. 86. — Hippurite de Toucas.

Les principaux genres sont les *Hippurites*, accolées l'une à l'autre en volumineux paquets par leur longue valve inférieure; les *Radiolites*, dont les deux valves sont en cône surbaissé; les *Caprines*, à valve supérieure contournée en spirale, et à valve inférieure conique. Les rudistes abondent dans le sud-ouest de la France, les Pyrénées, le Dauphiné, la Provence.

14. Lignite. — Nodules de pyrite. — Pendant la période crétacée, la végétation terrestre continue à se composer de conifères et de cycadées, qui vont néanmoins en décroissance. Maintenant dominent des végétaux voisins des palmiers actuels, et apparaissent déjà, mais en petit nombre, quelques arbres semblables à ceux de nos climats. Les débris de cette végétation sont devenus des couches de *lignite*, combustible fossile assez répandu dans les terrains crétacés, mais de bien moindre valeur que la houille.

Le lignite est fréquemment imprégné d'un composé de soufre et de fer, la *pyrite*, dont la présence se trahit, pendant la combustion, par un dégagement de vapeurs sulfureuses. Souvent aussi, dans les couches lignitifères, sont intercalées des masses compactes de pyrite, sous forme

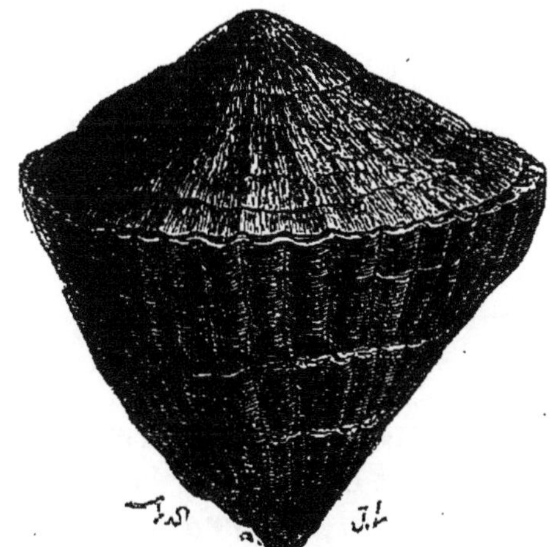

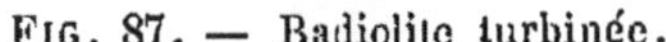

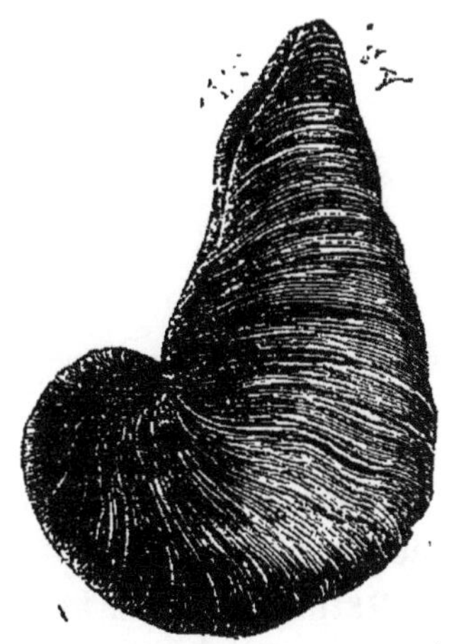

FIG. 87. — Radiolite turbinée.   FIG. 88. — Caprine d'Aguillon.

d'amas irréguliers, de rognons, de nodules, reconnaissables à leur brillante couleur métallique, qui rappelle celle de l'or, et à leur propriété d'étinceler sous le briquet. Le brillant doré a valu à ce composé de fer et de soufre le nom vulgaire d'*or des ânes*, qui fait allusion à son peu de valeur sous de riches apparences ; la propriété de faire feu sous le briquet l'a fait dénommer *pyrite*, c'est-à-dire pierre à feu. On utilise les pyrites dans la fabrication de l'acide sulfurique. Quant à leur présence dans les couches charbonneuses, on l'explique par l'aptitude qu'ont les matières organiques à décomposer certains sels. Des eaux minérales renfermant en dissolution du sulfate de fer ont imprégné les amas de débris végétaux d'où provient le lignite; l'oxygène de la matière saline a servi à une lente combustion de la substance végétale, et les deux éléments restants, le soufre et le fer, ont fourni sur place la pyrite. On s'explique de la même manière la présence de ce composé dans la houille, on se rend compte comment beaucoup de fossiles, soit animaux, soit végétaux, sont convertis en sulfure de fer.

CHAPITRE VII

TERRAINS TERTIAIRES

TERRAIN ÉOCÈNE

1. Division des terrains tertiaires. — Les formations géologiques tertiaires se subdivisent en *terrain éocène* ou *parisien, terrain miocène* ou *falunien,* et *terrain pliocène* ou *subapennin.*

2. Mers éocènes. — Après la longue période des dépôts crétacés, les Pyrénées dressent leur longue et haute muraille, et l'Europe est profondément modifiée dans sa constitution géologique. Les mers, qui dominaient jusqu'ici, rétrécissent leurs bassins; de nouvelles terres émergent et un vaste continent apparaît. La France, en particulier, est mise à sec, sauf deux grands golfes dont l'un occupe le nord et l'autre le sud-ouest. Le premier s'étend sur l'Artois, la Picardie, l'Ile-de-France, la Normandie, la Belgique et les côtes opposées de l'Angleterre; Paris est à peu près sa limite méridionale. Le second échancre le continent entre Bordeaux et Dax et se dirige vers Toulouse. Dans ces deux golfes se sont déposés les terrains éocènes de formation marine; mais en même temps, sur la terre ferme, d'autres dépôts se formaient au fond des lacs d'eau douce.

3. Bassin de Paris. Pierre à plâtre. — Le terrain éocène se nomme aussi *terrain parisien* parce qu'il forme le bassin de Paris. Superposée immédiatement à la craie, la formation éocène du bassin parisien comprend d'abord l'*argile plastique*, tantôt grise ou brune, rougeâtre ou jaunâtre, tantôt blanche et servant alors à la fabrication des poteries fines. A la couche d'argile succède, de bas en haut, le *calcaire grossier*, riche en fossiles marins. Ce calcaire est la pierre à bâtir de Paris. Au-dessus vient le *calcaire siliceux*, à grains fins, pénétré d'un ciment de silice et renfermant çà et là des masses siliceuses, nommées *pierres meulières* parce qu'on les exploite pour la confection des meules de moulin. L'assise suivante est le *gypse* ou *pierre à plâtre*, qu'ont rendu célèbre ses ossements de mammifères étudiés par Cuvier. Enfin des *marnes* terminent la série.

Il est à remarquer que ces diverses assises ne s'étendent pas uniformément dans tout le bassin, mais se montrent çà et là par lambeaux. D'autre part, elles ne reconnaissent pas la même origine : les unes sont des dépôts d'eau douce, les autres des dépôts marins, comme le démontrent leurs fossiles. Parfois même, les deux genres de sédiments sont mélangés. Ainsi l'argile plastique ne renferme, à sa partie inférieure, que des coquilles lacustres ou fluviales; mais dans sa partie supérieure, elle contient des coquilles des eaux saumâtres et même des eaux marines. Le calcaire grossier est exclusivement marin à la base; ses couches supérieures ont à la fois des fossiles marins et des fossiles lacustres. Parmi ces fossiles, on remarque d'abondants corpuscules sphériques qu'entourent des lignes spirales. Ce sont des semences de *Chara*, plante aquatique extrêmement commune au fond de toutes les eaux douces stagnantes. Les dépôts de gypse se sont pareillement amassés sous les eaux douces. Enfin les marnes supérieures sont de formation marine. D'après ces alternances répétées et ce mélange de fossiles d'origine différente, on admet que le bassin de Paris formait un golfe où débouchaient de fortes rivières, charriant, dans les crues, leurs sédiments et leurs débris d'êtres organisés. Ainsi se sont mélangés aux embouchures ou superposés par dépôts alternatifs, les fossiles marins, ceux des eaux fluviales, ceux des lagunes saumâtres noyant en partie les deltas, et ceux enfin de l'intérieur des terres, balayés et entraînés par les courants.

4. Progrès de la Faune et de la Flore. — La période éocène est l'aurore d'un nouvel ordre de choses. Les céphalopodes à coquille cloisonnée, ammonites, bélemnites et autres genres analogues, si abondants au sein des mers précédentes, disparaissent, anéantis pour toujours. Dispa-

FIG. 89. — Gyrogonite ou semence de Chara (très grossie).

raissent aussi les énormes sauriens, représentés en dernier lieu par l'iguanodon des Wealds et le mosasaure de Maëstricht : la création remplace ces monstruosités des âges primitifs par des êtres plus parfaits. Alors la terre ferme se peuple de mammifères, non de faibles marsupiaux comme ceux que nous ont déjà montrés la période triasique et la période jurassique, mais de vrais mammifères, aussi élevés d'organisation que le sont ceux de notre époque. Les forêts ont des carnivores du genre chien ; dans les fourrés de lianes se balance, appendu par la queue, le premier-né des singes, le *Macaque éocène;* au bord des lacs pâturent des pachydermes voisins des modernes tapirs. Des tortues, des alligators, animent les eaux douces ; les océans ont leurs dauphins et autres cétacés.

La végétation est pareillement en progrès. Les fougères en arbre, les prêles gigantesques, les cycadées n'existent plus. A ces végétaux, d'organisation inférieure, succèdent enfin des végétaux phanérogames, des dicotylédones qui ne sont pas encore nos arbres, mais déjà les annoncent; des monocotylédones, parmi lesquels des palmiers, confinés maintenant dans les régions des tropiques. Le terme *éocène*, signifiant aurore des choses récentes, fait allusion à ce commencement, à cette aurore de communauté de caractères entre les êtres d'alors et les êtres d'aujourd'hui.

5. **Pachydermes.** — La faune éocène est caractérisée par la prédominance des pachydermes, ordre auquel appartiennent aujourd'hui le cheval, le tapir, le rhinocéros, le sanglier. Sur une cinquantaine d'espèces de mammi-

Fig. 90. — Restauration du Paléothérium.

fères reconnues dans les couches éocènes, notamment dans les carrières à plâtre de Paris, les quatre cinquièmes appartiennent à cet ordre, mais n'ont pas laissé de représentants parmi la population actuelle du globe.

Les plus remarquables sont les *Palæotherium*, dont le nom signifie antique animal. Ils tenaient à la fois du rhinocéros par la dentition, du cheval par la conformation générale, du tapir par le nez prolongé en une courte trompe. On en connaît une douzaine d'espèces, dont quelques-unes atteignent la taille du cheval et dont les autres variaient des dimensions du mouton à celles de l'agneau. Tous étaient herbivores et fréquentaient les bords des lacs

11.

et des rivières comme le font aujourd'hui les tapirs des îles de la Sonde et de l'Amérique du sud.

Le mot *Anoplotherium* signifie animal sans armes. Il sert à désigner un genre de pachydermes qui, dépourvus d'armes défensives, ne pouvaient échapper que par la fuite ou la nage aux carnivores de l'époque. La plus grande espèce avait presque la taille d'un âne, et se faisait remarquer par sa grosse et vigoureuse queue, de la longueur du corps. Il est probable que, pour nager, l'animal en faisait usage comme d'un propulseur et d'un gouvernail. Une

FIG. 91. — Restauration de l'Anoplothérium.

autre espèce avait les allures légères, les formes sveltes et gracieuses de la gazelle; une troisième ne dépassait guère notre lièvre en grosseur. Toutes avaient le pied fourchu et terminé par deux grands doigts, à la manière des ruminants.

Un autre pachyderme du gypse parisien est le *Xiphodon*, svelte et agile, de la taille d'un chamois. L'assise la plus inférieure, celle de l'argile plastique, a fourni l'*Anthracotherium*, voisin du rhinocéros pour l'organisation et la taille; le *Lophiodon*, espèce de tapir plus grand que celui de l'Inde.

6. **Autres mammifères.** — En tête des mammifères, les classifications zoologiques mettent les singes. L'ap-

parition de cet ordre remonte à l'époque éocène. En effet, le plus ancien document sur ces animaux est fourni par une mâchoire de singe trouvée dans les argiles de Londres, qui sont contemporaines des formations géologiques parisiennes. L'espèce a été rapportée au genre *Macaque*, distribué principalement aujourd'hui sur les côtes de la Guinée et dans les îles de la Sonde. Les autres mammifères comprennent des carnassiers, représentés par des animaux du genre chien, renards et loups de grande taille, diffé-

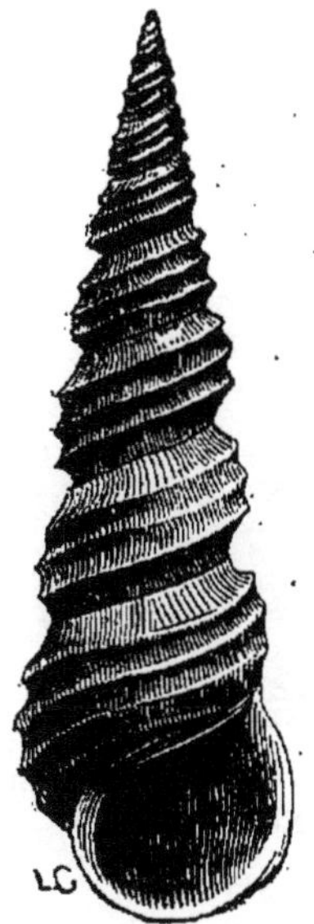

FIG. 92. — Turitelle (Éocène).

FIG. 93. — Cérithe géante (Eocène).

FIG. 94. — Cérithe variable (Éocène).

rant de toutes les espèces actuelles ; des rongeurs, marmotte et écureuil ; des cheiroptères, une chauve-souris ; des marsupiaux, sarigue ou opossum.

7. Oiseaux. — Reptiles. — Un dernier représentant des grands échassiers apparus pendant la période des terrains secondaires se retrouve à la base du terrain parisien. C'est le *Gastornis*, dont les dimensions dépassaient celles de l'autruche. Les autres ordres sont représentés par des oiseaux analogues à nos hiboux, bécasses, cailles, courlis, pélicans. En tout une dizaine d'espèces. Des tortues, des sauriens nageurs, alligators et crocodiles, habitent les eaux lacustres ; les bois ont pour la première fois des reptiles ophidiens ou serpents, voisins des crotales, serpents à sonnettes de l'Amérique du Nord.

8. Mollusques. — Cérithes. —Les mers sont d'une richesse inouïe en coquillages, ayant en partie l'aspect des nôtres, mais avec un caractère franchement tropical. On en compte, 2000 espèces dans le seul bassin de Paris, tandis que le nombre s'élève aujourd'hui au plus à 600 espèces pour la Méditerranée entière. Nous nous bornerons à citer la *Cérithe géante*, qui mesure jusqu'à 7 décimètres de longueur. Les plus répandus sont les *Miliolites*, de forme

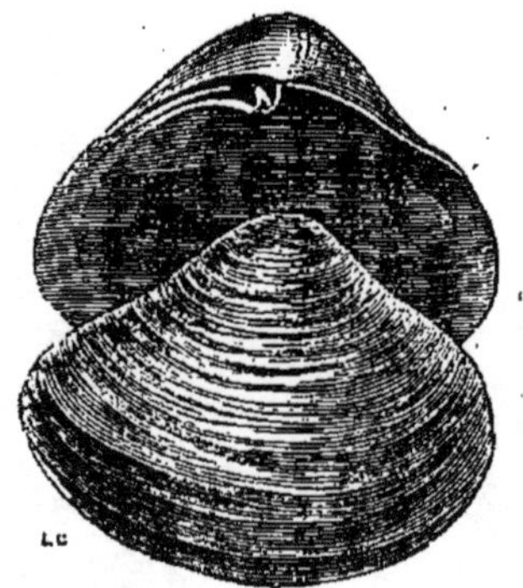

FIG. 95. — Corbule gauloise (Éocène).   FIG. 96. — Cythérée élégante (Eocène).

granulaire, et parfois si petites, qu'un millimètre cube peut en contenir deux milliers. Ces êtres infimes se sont amassés en nombre si prodigieux, qu'ils forment, sur de vastes étendues, des couches de plusieurs mètres d'épaisseur, d'où a été extrait le calcaire employé à la construction de Paris. Les formations lacustres alternant ou mélangées avec les formations marines ont pareillement leurs coquillages, représentés par des espèces analogues à celles de nos eaux douces stagnantes, planorbes, paludines, limnées, mélanies.

9. Nummulites. — Aux assises caractérisées par les Rudistes est généralement superposé, dans le midi de la France, le *calcaire nummulitique*, qui forme les premières couches des terrains tertiaires. Il doit son nom à ses fossiles dominants, les *Nummulites*, coquillages en forme de disque un peu renflé au centre, et d'un diamètre qui varie de quelques millimètres à quatre ou cinq centimètres.

Par leur configuration orbiculaire, les plus petits rappellent une lentille; les plus grands, la rondelle d'une pièce de monnaie (*nummus*). Coupés suivant leur grand diamètre, ces disques montrent une cavité spirale, à tours pressés et réguliers, divisée en une multitude de petites loges par des cloisons transversales. Le calcaire à nummulites abonde dans la plupart des régions baignées par

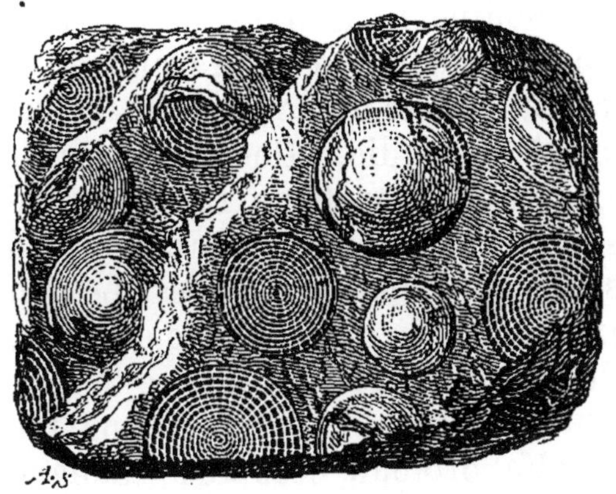

FIG. 97. — Nummulites.

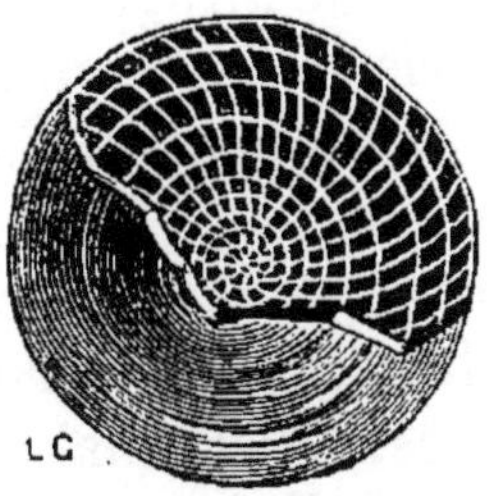

FIG. 98.—Section d'une Nummulite.

la Méditerranée; en Égypte, il a fourni les matériaux des pyramides.

10. **Flore.** — Dans les argiles des assises inférieures sont des bancs de résidus charbonneux, de lignite, formés de débris de la flore éocène. On y reconnaît principalement des conifères. Les autres végétaux appartiennent à des palmiers, à des arbres voisins de nos ormes, à des légumineuses inconnues, à des malvacées, à des cucurbitacées. Mais à ces familles qui, sauf les palmiers, font partie de la flore actuelle de nos régions, s'en associent d'autres complètement étrangères aujourd'hui à nos cli-

mats. Telles sont les *Sapindacées*, propres aux régions intertropicales, notamment à l'Amérique du Sud, et les *Pro-
téacées*, spéciales au sud de l'Afrique et de l'Australie. La
flore confirme donc ce que nous avait déjà appris la faune,
c'est-à-dire qu'à l'époque éocène le climat de la France et
celui de l'Angleterre était celui qui règne de nos temps
entre les deux tropiques.

TERRAIN MIOCÈNE

11. Configuration des terres. — L'époque *miocène*
débute par de grandes modifications dans la forme du
continent de l'époque qui précède. Un soulèvement fait
disparaître en partie le grand golfe du nord de la France
et met à sec la Belgique, la Picardie, l'Ile-de-France, les
côtes de l'Angleterre. Les emplacements de Londres et de
Paris se trouvent alors émergés, mais encore entourés de
bras de mer où s'amassent les dépôts miocènes. Le golfe
du sud-ouest s'amoindrit sur sa rive septentrionale, mais
persiste dans le reste de son étendue. Ailleurs se font des
affaissements considérables qu'envahissent les eaux marines. C'est ainsi qu'un golfe profond occupe le Languedoc, la Provence, le Dauphiné, et remonte jusqu'en Suisse,
qu'il recouvre en totalité. En même temps de vastes lacs
soit isolés, soit en rapport avec la mer, s'étendent sur divers points de la terre ferme, notamment en Auvergne ainsi
qu'au pied des Pyrénées, et donnent des dépôts lacustres
contemporains des dépôts marins.

12. Molasse. — Falun de Touraine et d'Aquitaine. —
Cette période se nomme époque *miocène*, signifiant minorité des choses récentes, parce que les êtres de cette époque, et plus spécialement les coquillages, ne ressemblent
qu'en faible minorité à ceux des temps actuels. On la
nomme aussi époque de la *molasse*, à cause de ses grès
et de ses calcaires grossiers qui portent le nom vulgaire
de molasse, faisant allusion à leur peu de consistance.

Dans la Touraine, les assises de molasse sont remplacées par des amas de coquillages brisés, amas que l'on désigne par le nom de *falun*. Cette couche falunière, de quelques mètres d'épaisseur, est exploitée et fournit de précieux matériaux que l'agriculture emploie à l'amendement des terres.

Aux environs de Paris, la formation miocène est principalement représentée par les sables et les grès de Fontainebleau. Ces grès, formant le sol de la forêt de Fontainebleau, sont blancs, de dureté variable, en gros blocs mamelonnés, confusément empilés l'un sur l'autre et englobés dans du sable blanc. On les emploie pour le pavage de Paris. Dans la Provence, le miocène est formé de grès friable et surtout d'énormes bancs de calcaire grossier, où abondent des débris informes de coquilles, de madrépores et autres productions marines. La roche est comme un ossuaire dont le moindre fragment contient les restes broyés d'êtres ayant eu vie. Ce calcaire sert de pierre à bâtir.

13. **Fossiles remarquables.** — Les progrès de l'organisation animale ont pour principal témoin un singe de grande taille, analogue mais non identique avec les orangs d'aujourd'hui, trouvé dans le miocène lacustre de la colline de Sansan (Gers). Les autres mammifères sont des *Mastodontes*, semblables de forme et de taille à nos éléphants, mais dont les molaires, au lieu d'être à surface plane, avaient leur couronne hérissée de gros tubercules en mamelon, caractère auquel fait allusion le mot de mastodonte, signifiant dents mamelonnées. Les incisives de la mâchoire supérieure s'allongeaient en robustes défenses de plus de deux mètres; celles de la mâchoire inférieure formaient deux défenses plus courtes. Avec eux vivaient des rhinocéros; des hippopotames, peu différents de ceux que nourrissent aujourd'hui les lacs de l'intérieur de l'Afrique; des tapirs, des genres voisins du cheval et du cochon; un ours à canines comprimées en lames de poignard; des chats de la taille de nos lions, féroces chasseurs guettant pour proie le mastodonte; des rumi-

nants du genre cerf; divers rongeurs tels que castor et écureuil.

14. Dinothérium. — En tête des pachydermes de l'époque était, pour le volume, le *Dinothérium*, le plus grand des mammifères que les continents aient jamais eus. Il ne mesurait pas moins de six mètres en longueur. Sa mâchoire inférieure se courbait en arc et portait à l'extrémité deux fortes défenses dirigées en bas. Le caractère insolite et l'énorme volume du corps ont valu à l'animal le nom de *Dinothérium*, signifiant bête étrange, prodigieuse. On présume que le dinotherium vivait dans les lacs et les fleuves, où l'appui des eaux soutenait sa monstrueuse masse, incommode fardeau sur la terre ferme. Ses défenses implantées sur la rive lui servaient d'ancre, tantôt pour se fixer en un point et sommeiller immobile au milieu du tourbillon des eaux, tantôt pour se traîner hors du courant et gagner le rivage, comme le font aujourd'hui les morses. Elles étaient encore pour lui une sorte de pioche avec laquelle, tout en flottant, il fouillait et bêchait le lit des eaux pour extraire sa nourriture, herbages et racines charnues. S'il fallait repousser une attaque, l'outil de fouille devenait un formidable appareil de défense. Enfin le nez se prolongeait en trompe.

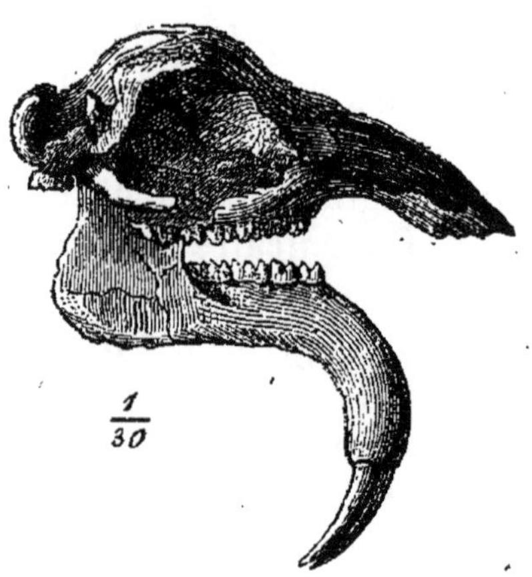

FIG. 99. — Tête de Dinothérium.

15. Carcharodon. — Les mers ont des phoques, des morses, des baleines et de nombreux squales parmi lesquels le *Carcharodon megalodon*, dont les larges dents triangulaires, dentelées sur les bords et longues d'un décimètre et plus, se trouvent fréquemment empâtées dans le calcaire grossier de la vallée du Rhône. Les eaux douces nourrissent des grenouilles, des tritons, des salamandres.

La classe des oiseaux a des cigognes, des tourdes, des passereaux. En somme déjà clairement se dessinent les traits d'une faune annonçant celle de nos jours.

16. **Flore**. — La végétation est mixte ; elle associe les arbres des régions tropicales avec ceux des régions tempérées. Les conifères continuent à dominer, mélangés à

Fig. 100. — Restauration du Dinothérium.

des dicotylédones semblables à ceux de notre temps, tels que noyers, ormes, érables, bouleaux, chênes, charmes, peupliers. Mais en même temps que ces forêts peu différentes des nôtres, prospèrent des palmiers, des bambous, des lauriers et d'autres végétaux dont les analogues ne se trouvent plus maintenant que dans les pays chauds.

TERRAIN PLIOCÈNE

17. **Configuration des terres**. — Avec les assises de la molasse surgissent hors des mers les Alpes occidentales, et

le relief du sol change encore une fois. Le golfe bordelais diaparaît, ainsi que le golfe pénétrant de la Provence jusqu'au fond de la Suisse. Dans ses traits d'ensemble le littoral devient, pour la France, à peu près ce qu'il est aujourd'hui ; mais de grands lacs d'eau douce s'étendent dans les terres. L'un se prolonge de Dijon à Valence ; un second occupe le sud de l'Alsace ; un troisième encore une partie de la Provence, entre Digne, Sisteron, Forcalquier et Manosque.

Hors de la France, la mer couvre encore certaines parties des terres futures. En Italie particulièrement, une Méditerranée plus grande que la Méditerranée actuelle baigne le pied des Apennins depuis Turin jusqu'à l'extrémité méridionale de la péninsule, et forme des dépôts qui doivent, en émergeant, compléter la presqu'île telle qu'elle est aujourd'hui. Leur situation au pied des Apennins a valu à ces dépôts marins le nom de *terrain subapennin*. Ils doivent émerger en un sol de peu de relief, ondulé de faibles plis, parmi lesquels se trouveront les sept collines, emplacement de la future Rome. Ainsi les trois villes qui ont rempli et remplissent encore la terre de leur nom, Rome, Paris et Londres, sont assises sur les boues marines les dernières mises à sec. Londres et Paris ont pour base les sédiments éocènes ; Rome a les sédiments subapennins.

Ces derniers se nomment encore *terrain pliocène*, signifiant pluralité des choses récentes, parce que les êtres de cette époque sont pour la plupart analogues, identiques même, à ceux d'aujourd'hui. Ainsi parmi les coquillages de la mer où se déposaient les matériaux des collines de Rome, la moitié environ se retrouve vivant encore dans les eaux de la Méditerranée actuelle.

18. **Faune.** — A l'époque pliocène n'existent plus les espèces du genre *Palæotherium*. Les pachydermes sont représentés par des rhinocéros, des hippopotames, des solipèdes voisins du cheval, et surtout des éléphants, qui remplacent le mastodonte, race éteinte. Alors apparaissent en abondance des ruminants, tels que bœufs, cerfs, anti-

lopes; des rongeurs de genres très variés. A la proportion croissante des herbivores terrestres correspondent des animaux carnassiers plus nombreux, mieux armés; ours, hyènes, grands chats, chiens vigoureux voisins de notre loup. On trouve aujourd'hui leurs restes dans les cavernes qu'ils habitaient, pêle-mêle avec les ossements de la proie dévorée.

19. **Flore.** — Elle est très riche et formée en majorité d'espèces qui, sans être identiques avec celles de l'époque moderne, ont néanmoins avec elles beaucoup de ressemblance. Les palmiers ont disparu, chassés par un climat déjà trop froid pour eux. Des arbres qui appartiennent maintenant à l'Amérique et à l'Asie, tels que tulipiers, liquidambars, calycanthes, plaqueminiers, savonniers, sont mélangés avec nos vulgaires chênes, aulnes, bouleaux, tilleuls, hêtres et peupliers.

20. **Volcans éteints de l'Auvergne.** — C'est pendant l'époque tertiaire que le sol du plateau central de la France, le sol surtout de l'Auvergne et du Vivarais, se couvrit de bouches volcaniques en activité. Alors se dressèrent par centaines des cônes fumeux de cendres et de scories, alors éclatèrent des éruptions déversant par torrents la lave incandescente. De cette antique conflagration, il reste aujourd'hui pour témoins les *Cheires* et les *Puys*. Les premières sont les coulées de laves, envahies par la végétation, et rivalisant parfois de puissance avec les plus fortes coulées de l'Etna. Les seconds sont les soupiraux volcaniques, les cratères, devenus conques tapissées de verdure ou remplies par l'eau d'un lac. L'un des plus remarquables sous le rapport de la conservation est le *Puy de Pariou*, dont il a été déjà suffisamment parlé.

CHAPITRE VIII

TERRAINS QUATERNAIRES

1. Période glaciaire. — A la fin de l'époque tertiaire, l'Europe était un île allongée courant de l'est à l'ouest. On peu délimiter avec assez de précision son rivage océanique nord au moyen d'une ligne qui, partant de Calais, traverserait la Belgique, la Westphalie, le Hanovre, la Saxe, la Pologne, la Russie au sud de Moscou, et se relèverait alors pour atteindre la mer Glaciale au voisinage de la terminaison des monts Ourals. Toute la partie de L'Europe actuelle au nord de cette ligne était encore sous les eaux, sauf l'île Scandinave dont les contours n'étaient pas ceux de la Suède et de la Norvège d'aujourd'hui. Dans l'Amérique du Nord se retrouvait pareille extension des mers polaires sur des étendues devenues depuis terre ferme ; les eaux couvraient à peu près la moitié septentrionale de cette partie du monde.

A cause de cette prédominance des eaux en communication directe avec les régions polaires, peut-être aussi pour d'autres motifs encore mal définis, soupçonnés plutôt que démontrés, notre hémisphère subit un grand abaissement de température. Les glaces flottantes, amenées par les courants de l'océan polaire, s'amoncellent dans tout le nord de l'Europe, jusqu'au milieu de la Russie, de l'Allemagne, de l'Angleterre, qui deviennent comme la continuation de la zone arctique. Dans nos régions, les glaciers, maintenant confinés au fond des vallées les plus élevées des Alpes, prennent une extension considérable et descendent jusque dans les plaines, comme l'attestent les moraines qu'ils ont laissées, et les roches qu'ils ont polies, sillonnées, en progressant. Cette période de froid se nomme *époque glaciaire.*

2. Diluvium. — Blocs erratiques. — Les dépôts laissés par les glaces flottantes, les torrents, les glaciers de cette époque, ont pris le nom de *diluvium* parce que des interprétations erronées, s'appuyant sur des idées préconçues bien plus que sur des faits, ont cru y reconnaître d'abord les traces de cette submersion totale, de ce déluge dont nous parlent les traditions bibliques. Des études sévères ont écarté de la science ces naïvetés; toutefois le mot de *diluvium* est resté, mais avec une signification sans rapport aucun avec la signification primitive.

Les plus remarquables des dépôts de l'époque glaciaire sont les *blocs erratiques.* On nomme ainsi des quartiers de roche, souvent d'un volume de plusieurs centaines de mètres cubes, qu'on trouve disséminés çà et là, bien loin de leur lieu d'origine et fréquemment à des hauteurs où les forces en jeu de nos temps ne pourraient les transporter. Sur les pentes et jusque sur les sommets du Jura, on en voit qui proviennent des Alpes centrales, comme l'atteste leur composition, et qui, pour arriver aux points où ils reposent aujourd'hui, ont dû franchir la grande vallée de la Suisse.

Des blocs aussi volumineux, les uns arrachés aux monts Scandinaves, les autres à l'Oural, aux montagnes de la Finlande, se retrouvent rangés en longues files, dans presque toute l'Europe septentrionale, notamment en Westphalie, en Prusse, en Pologne, en Russie, en Suède, en Laponie. Telle de ces masses, pour parvenir de son lieu d'origine à son point d'arrivée, a dû franchir de très longues distances. Aucun courant d'eau ne serait capable de pareils effets. D'ailleurs ces blocs sont anguleux, à arêtes vives, sans trace d'usure par l'action des eaux; en outre, ils sont placés dans les positions d'équilibre les plus bizarres.

Les glaces seules ont pu amener de semblables résultats. Portés sur le dos des glaciers qui comblaient les vallées les plus profondes, ou charriés par les glaces flottantes descendues du pôle nord, ces blocs ont pu franchir de grandes distances, et se déposer intacts au point où le char qui les portait venait échouer et se fondre.

3. **Alluvions quaternaires**. —Quand la température se releva pour devenir ce qu'elle est aujourd'hui, la fusion des glaces et des neiges produisit des torrents, qui ravinèrent profondément le sol, bouleversèrent les assises superficielles, creusèrent les vallées où coulent les fleuves actuels et déposèrent de vastes nappes de cailloux roulés, dont les restes se retrouvent encore sur les plateaux de médiocre élévation.

C'est ainsi que toute la vallée du Rhône, depuis Lyon jusqu'à la mer, a ses terrasses occupées par un lit de galets que n'a pu rouler le fleuve actuel à la hauteur où ils se trouvent, mais proviennent d'un torrent glaciaire, roulant les débris des Alpes avec ses eaux et ses boues. Ces dépôts se continuent avec ceux de la Crau, immense plaine de cailloux, venus également des Alpes et amenés par un torrent qui creusa le sillon où coule maintenant la Durance. De semblables couches de galets, de tout volume, de toute nature, sont disséminées par toute l'Europe, fréquemment à des altitudes que ne pourraient atteindre les cours d'eau actuels. On les nomme *alluvions quaternaires*.

4. **Principaux animaux**. — L'homme a été témoin de l'époque glaciaire, car dans les alluvions et les grottes de cet âge, on trouve les débris de ses ossements et les restes de sa naissante industrie, tessons de poterie grossière, façonnée à la main et simplement desséchée au soleil, silex taillés pour servir de hache, de racloir, de pointe de flèche ou de lance, os apointés en dard, en aiguille, en hameçon.

L'un des contemporains de l'homme à cette froide période était le *Renne*, qui prospérait jusque dans l'extrême midi de la France. C'était le gibier habituel du chasseur armé de sa hachette de pierre. Depuis qu'au climat rigoureux de ces temps antiques a succédé un climat plus doux, le renne, fuyant devant une température trop élevée pour lui, s'est refugié à l'extrême nord, où il est devenu l'animal domestique du Lapon.

Avec le renne vivait ici l'*Élan* sorte de grand cerf de
la taille du cheval, cantonné aujourd'hui dans les marécages boisés de la Russie, de la Suède et surtout du nord
de l'Amérique. Les forêts avaient l'*Aurochs*, bœuf sauvage dont la race a maintenant presque en entier disparu
du monde. Ce bœuf, presque de la taille de l'éléphant,
avait des cornes énormes, une crinière de laine crépue sur
la tête et le cou, une barbe sous la gorge, la voix gro-
gnante, le regard farouche. Les quelques aurochs qui

Fig. 101. — Le Renne.

survivent encore à la destruction de leur race paissent
dans les bois marécageux de la Lithuanie, en Pologne.

5. **Mammouth**. — D'autres espèces contemporaines de
l'homme à l'époque quaternaire sont de nos jours totalement éteintes. Tel est le *Mammouth*, monstrueux éléphant haut de cinq à six mètres, portant sur le dos une
longue crinière de poils noirs et sur tout le corps une
épaisse toison rousse, qui le défendait des injures du
froid. Ses défenses, recourbées en arc de cercle, ont
quatre mètres environ de longueur et pèsent jusqu'à

480 livres chacune. Cette espèce a vécu jusque dans le midi de la France, en même temps que l'homme, comme l'atteste particulièrement une effigie grossière mais très reconnaissable de mammouth, gravée sur une tablette d'ivoire et trouvée parmi d'autres restes de l'industrie humaine en ses débuts, alors que l'habitant de nos pays avait l'abri sous roche pour demeure et le caillou tranchant pour arme et pour outil.

Mais c'est surtout dans les régions arctiques que ses

FIG. 102. — Restauration du Mammouth.

dépouilles sont abondantes. Quelques îles de la mer glaciale sont de véritables ossuaires; l'archipel de la Nouvelle-Sibérie est littéralement formé de glace et d'ossements de mammouth. De temps immémorial, la Chine dirige chaque année, vers les îles à ossements, des caravanes de traîneaux attelés de chiens et d'innombrables barques de pêcheur, pour exploiter ces étranges mines où le roc est de l'ivoire fossile, employé aux mêmes usages que l'ivoire des éléphants modernes. L'Europe elle-même n'est pas étrangère à ce commerce. La majeure partie de

l'ivoire que l'industrie met en œuvre n'a pas d'autre origine. Toute la Sibérie est comme un cimetière à mam-
mouths, cimetière d'autant plus riche qu'on se rapproche
davantage de la mer glaciale. On trouve les cadavres du
vieil éléphant enfouis dans le sol à une médiocre profondeur, là où le dégel ne se fait que très rarement sentir.
Les vallées sillonnées par des rivières sont les localités où
ils abondent le plus. Après les grandes crues, il n'est pas
rare de voir apparaître, sur les berges dénudées, quelque
énorme carcasse que les eaux ont exhumée de sa gangue
de limon gelé. Parfois la conservation est telle, que
l'animal reparaît au jour avec ses viscères, sa chair, sa
peau, son poil. Le froid a conservé la bête en la durcissant
comme pierre au sein de limons toujours congelés.

Vers la fin du dernier siècle, un pêcheur Tongouse ob-
serva un bloc informe échoué à l'embouchure de la Léna.
La glace et les boues durcies qui l'empâtaient ne permettaient pas de se prononcer sur sa nature. Cinq ans d'exposition à l'air libre dégagèrent le noyau du bloc. C'était un
mammouth d'une exceptionnelle conservation. Le pêcheur
ne vit dans sa trouvaille qu'une affaire d'ivoire. Il détacha
les défenses et abandonna aux injures des bêtes fauves
l'animal si précieux pour la science. Pendant sept étés,
les chiens des peuplades voisines et les ours blancs firent
curée de la chair du vieil éléphant. Enfin la nouvelle de la
trouvaille parvint à Yakoutsk. Un naturaliste, Adams, s'em-
pressa de se rendre sur les lieux. Il était trop tard : le
mammouth était dévoré. Le squelette, une oreille, un œil,
se trouvaient encore intacts. Adams recueillit ces restes
avec quelques lambeaux de peau et quelques poignées de
bourre, espèce de laine rougeâtre assez fine mêlée à des
soies fortes, raides et clair-semées, qui probablement
empêchaient la fourrure de s'enchevêtrer. Le squelette
monté est aujourd'hui à Saint-Pétersbourg. Il fait la plus
curieuse richesse du musée, qui l'acheta 10 000 roubles
(40 000 francs). Le mammouth était fort répandu. Ses restes
se retrouvent dans toute l'Amérique du Nord, depuis le
détroit de Behring jusqu'à l'extrémité de la Caroline du Sud ;

et sur l'ancien continent, depuis les rivages de la Sibérie jusqu'à l'extrême occident de l'Europe.

6. **Rhinocéros laineux. — Ours des cavernes.** — En même temps que le mammouth, vivait dans nos régions et jusqu'aux bords de la mer glaciale le *Rhinocéros laineux,* vêtu comme le premier d'une grossière toison, plus fort et plus trapu que les rhinocéros actuels. Il avait les os du nez très robustes, la cloison des narines osseuse et non cartilagi-

Fig. 103. — Restauration du Rhinocéros laineux.

neuse comme celle de ses congénères modernes. Sur cette solide base s'élevaient deux cornes. Ses ossements sont communs dans les alluvions quaternaires. On retrouve même l'animal plus ou moins entier, avec la peau, la toison, la chair, dans le sol glacé de la Sibérie.

Les carnassiers sont représentés surtout par l'*Ours des cavernes,* dont les nombreux restes gisent amoncelés au fond des antiques repaires de la bête sous une couche de limon et de stalagmites. Cet ours, grand comme un taureau, avait deux mètres de haut sur trois de longueur.

Sa puissante stature et son front fortement bombé le distinguent de tous les ours vivants.

Plus redoutable encore était le *grand Chat des cavernes*, tenant à la fois du tigre et du lion, mais supérieur de taille à l'un et à l'autre. Dans les obscures retraites des rochers habitait l'*Hyène des cavernes*, voisine de l'hyène tachetée de notre époque et un peu plus grande. Tels étaient les principaux animaux en présence desquels l'homme de l'époque quaternaire s'est trouvé. Leur apparition en Europe, ainsi que leur disparition, n'a pas été simultanée, mais bien successive; aussi partage-t-on la période de l'humanité primitive en quatre âges caracté-

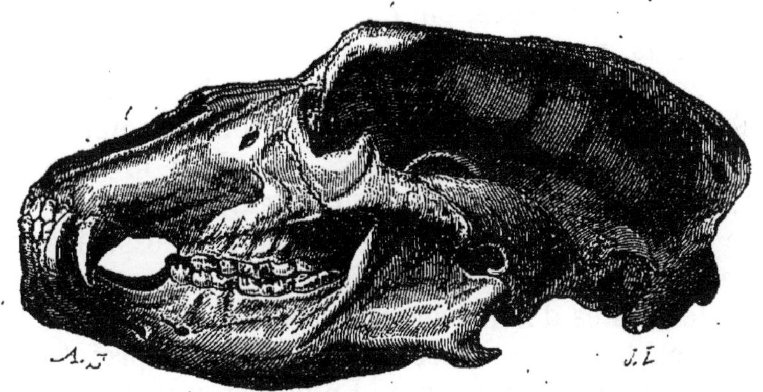

Fig. 104. — Tête de l'Ours des cavernes.

risés par le principal représentant de la faune contemporaine. Ces quatre âges sont, du plus ancien au plus récent, l'âge de l'*ours des cavernes*, l'âge du *mammouth* et du *rhinocéros*, l'âge du *renne*, et l'âge de l'*aurochs*.

7. Cavernes à ossements. — Les restes de la faune quaternaire abondent surtout dans les cavernes, cavités naturelles très fréquentes dans les massifs calcaires. Plusieurs chambres habituellement les composent, communiquant entre elles par d'étroits et tortueux couloirs. Les parois en sont couvertes d'un rideau d'incrustations formées par les eaux calcaires; à la voûte pendent des stalactites, sur le sol s'étale une épaisse nappe de stalagmites. Sous cette nappe, percée et déblayée, se présente une

couche de limon ferrugineux et de cailloux roulés, au sein
de laquelle sont disséminés des ossements, parfois en
prodigieuse abondance. L'ours, l'hyène, le grand chat des
cavernes, ont là leurs débris, pêle-mêle avec des ossements d'herbivores, surtout de ruminants. Ce n'est que
très exceptionnellement qu'on y trouve les restes du mammouth et du rhinocéros.

Il est possible que les courants auxquels sont dus le
limon et les cailloux aient aussi amené dans les cavernes
des ossements de toute espèce, rencontrés à la surface du
sol et roulés avec les débris minéraux; mais ce n'est certainement pas ainsi que se sont en général formés ces
ossuaires. Les cavernes, en effet, ont de nombreux ossements intacts, sans trace de la forte corrosion qui serait
la suite nécessaire d'un transport par des eaux torrentielles. Souvent ces os ont gardé leurs relations naturelles,
c'est-à-dire l'agencement qu'ils ont dans le squelette
même, ce qu'ils n'auraient pu faire étant charriés de loin.
D'autre part, au lieu d'un mélange fortuit, l'ossuaire des
cavernes présente toujours associés les restes de carnivores et les restes d'herbivores, leurs victimes. Sur ceux-
ci, brisés ou broyés, se reconnaît encore l'empreinte des
mâchoires qui les ont rongés. Enfin les antres que fréquentaient les hyènes abondent en pelotes de phosphate
de chaux. Ce sont les coprolithes ou excréments du vorace
animal, formés de la partie minérale des os, sur laquelle
la digestion n'a pas eu prise. Les cavernes à ossements
ont donc été des repaires où se sont succédé des générations de carnassiers, laissant leurs dépouilles pêle-mêle
avec les ossements de la proie dévorée. Plus tard les
eaux ont envahi les cavernes et enseveli le tout dans le
limon et le gravier. Enfin une lente infiltration d'eau calcaire a recouvert la couche à ossements d'un dépôt de
stalagmites et obstrué en tout ou en partie la caverne de
ses incrustations.

8. **Brèches osseuses.** — Toute autre est l'origine des
brèches osseuses. Supposons dans le roc, en des points où
les eaux courantes puissent parfois arriver, une fente, un

sillon profond, une cavité quelconque. Dans cette poche
naturelle s'amasseront indistinctement les débris amenés
par les eaux, limons, graviers, cailloux et ossements de
toute nature çà et là balayés. L'amas, durci par un ciment
calcaire et presque toujours coloré en rouge par de l'oxyde
de fer, sera ce qu'on appelle une *brèche osseuse*. Les
restes d'animaux qu'on y retrouve ne diffèrent pas de ceux
des cavernes.

9. **Homme préhistorique. — Armes et instruments
primitifs.** — L'homme, avons-nous déjà dit, a été témoin
de la période glaciaire; il a été le contemporain de l'éléphant velu, le mammouth, et du monstrueux ours des cavernes; peut être même, d'après certains indices, sa première apparition est-elle de date encore plus ancienne.
Cet *homme préhistorique*, le plus ancien qui nous soit
connu, est antérieur, et de beaucoup, aux temps les plus
reculés ou puissent remonter les documents de l'histoire.
Les restes de cette race humaine primitive sont trop peu
répandus pour qu'on puisse se former encore une idée
bien nette de ses caractères; mais les traces de son industrie naissante abondent, et avec leur aide, il est possible de
retrouver le genre de vie, les usages, le degré intellectuel
de ces antiques aïeux, ignorés de l'histoire. Or l'examen
de ces documents vénérables, exhumés du sol un peu de
partout, en des lieux maintenant déserts comme au voisi-
sinage des centres les plus populeux, nous démontre dans
l'homme, à ses débuts, un état de profonde misère, comparable à celui des dernières peuplades sauvages, oubliées
de la civilisation dans quelque archipel reculé.

Tout métal est inconnu : il manque donc la matière par
excellence de l'outil, auxiliaire indispensable de la main.
Le troupeau n'existe pas; c'est dans un avenir encore bien
lointain que sera domestiqué l'animal, source d'une nourriture assurée. La culture du sol n'est pas même soup-
çonnée; la récolte, s'il y en a, se borne aux produits spon-
tanés de la terre. On vit uniquement de chasse, tantôt
gorgé de viande et de graisse, tantôt en proie à la famine,
suivant que le gibier abonde ou se fait rare. Le vêtement

est une peau puante, garnie de ses poils et grossièrement raclée à l'intérieur avec le tranchant d'un caillou. La demeure est une cavité naturelle, un abri sous roche, une caverne, dont on défend l'entrée avec quelques blocs volumineux, déplacés et replacés en guise de porte. Au fond de l'antre, si le temps est mauvais, sur le seuil si le temps est beau, fument quelques tisons. C'est dans de telles conditions que l'homme doit soutenir ses terribles luttes contre les puissants animaux de l'époque, et braver les rigueurs d'un climat glacial.

Ces demeures primitives, ces abris sous roche, ces cavernes, sont pour l'étude des temps préhistoriques du plus haut intérêt. Sous une couche, parfois très-épaisse, de concrétions calcaires, de stalagmites et d'argile ferrugineuse, se retrouve le sol primitif, où sont épars de nombreux témoins de la longue présence de l'homme. Des cendres et des charbons occupent l'antique foyer, entouré de quelques pierres. Çà et là sont amoncelés des ossements de toute sorte, ossements d'ours des cavernes, d'éléphants, de rhinocéros, d'antilopes, de rennes, de chevaux, de chats puissants supérieurs à notre tigre. Ces restes de chasse et de festin devaient faire de la demeure sous roche un véritable charnier; et l'on se demande comment l'antre pouvait être habitable ainsi encombré de débris infects. Aujourd'hui l'Esquimau, dans sa hutte de neige et de glace, laisse s'accumuler, sans en être incommodé, ses restes de repas de poisson; la rigueur du froid s'oppose à des émanations assez délétères pour inquiéter son grossier odorat. Pareillement, au milieu des frimas de son époque, l'homme de la période glaciaire, très-peu soucieux d'ailleurs de propreté, pouvait, à cause de la température, laisser sa demeure devenir un charnier sans graves inconvénients, et reposer étendu sur une peau, à côté d'amas d'ossements qui, sous un climat plus doux, auraient rendu la grotte inhabitable.

Ces restes de repas nous fournissent de précieux renseignements. La chasse était l'occupation principale, d'où dépendait la quotidienne nourriture. Tout gibier était de

bonne prise, jusqu'au massif mammouth, jusqu'à l'ours
des cavernes. Les os longs sont invariablement fendus
sous le choc d'un caillou. On en retirait aussi la moelle,

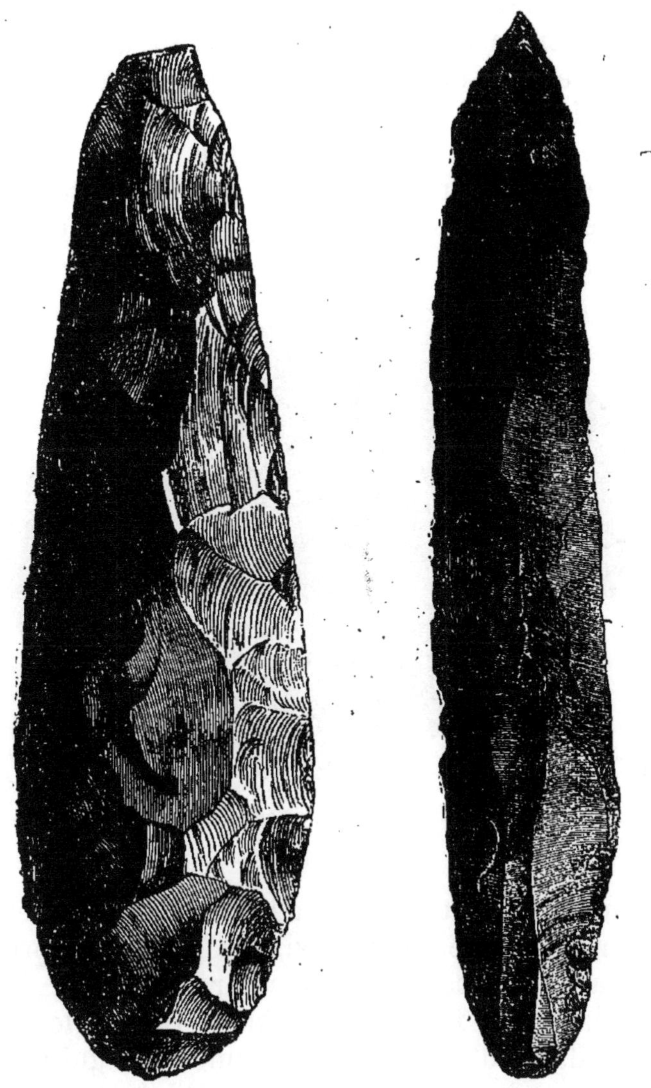

FIG. 105. — Hache en silex.   FIG. 106. — Couteau en silex.

le morceau friand qui se mangeait cru. Le crâne est également brisé, pour donner passage à la cervelle. Parfois
entre deux vertèbres est encore engagée la pointe de flèche

en silex qui a donné la mort à l'animal. Chaque moitié de la mâchoire inférieure de l'ours des cavernes fournissait un outil. Son extrémité postérieure, la branche montante étant enlevée, devenait poignée assez commode, tandis que la canine, robuste et pointue, se dressait à l'autre bout. C'était là une sorte de pic pour l'attaque du gibier, un assommoir pointu, une hache. Plus tard, quand l'homme songera à faire produire au sol une maigre récolte, c'est avec cette houe en mâchoire d'ours qu'il grattera la terre.

De larges écailles de grès, des lames de roche schis-

Fig. 107. — Racloir en silex.

teuse, tiennent lieu d'ustensiles de cuisine. On les retrouve noircis par la flamme qui a servi à la sommaire préparation des viandes. Plus tard on s'avisera de pétrir l'argile pour remplacer ces tessons de schiste. Des os longs sont apointés en dard ; d'autres sont façonnés en aiguilles, avec lesquelles s'ouvrent, dans les peaux qu'il faut assembler, des trous où doit passer un intestin d'animal en guise de fil. Le silex, qu'il suffit de casser pour obtenir des arêtes tranchantes, fournit les armes et les instruments. D'un bloc de cette pierre dure, l'adroit artiste sait détacher par

la percussion de longs éclats, à section trapézoïdale ou
triangulaire; ce sont des racloirs ou couteaux qui serviront
à décharner les peaux, à travailler, à polir l'os, le bois et
la corne. La même pierre lui donne la hache, caillou grossièrement façonné par éclats avec arête coupante. L'arme
a pour manche un os courbé, un tronçon de corne de renne
ou de cerf. C'est un casse-tête, un assommoir, plutôt qu'un
instrument propre à couper. D'autres éclats de silex, aigus
avec arêtes vives, deviennent, s'ils sont petits, des pointes
pour flèche; s'ils sont plus grands, des dards pour lance.
L'éclat le plus informe, pourvu qu'il soit tranchant, trouve

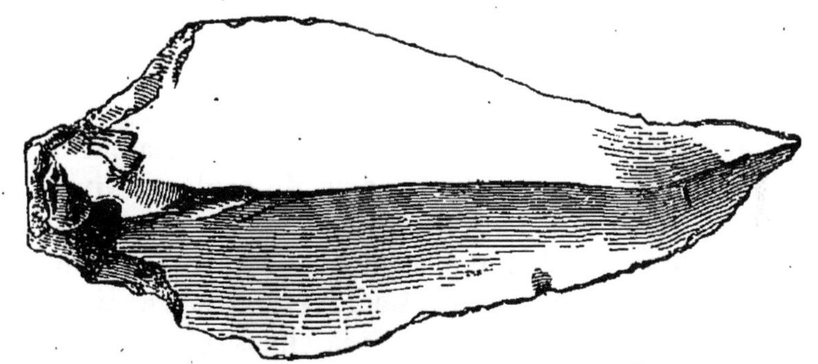

Fig. 108. — Pointe de lance en silex.

son usage et sert de racloir. Telles étaient la taillanderie
et la coutellerie de la période glaciaire.

Le sentiment de l'art est au fond de la nature humaine.
Une fois repu, le chasseur de l'ours des cavernes essayait
donc de buriner, avec une pointe de silex, l'effigie des
animaux qui frappaient le plus son attention. Ces premières tentatives dans l'art des Phidias et des Michel-Ange
dénotent dans les mains de l'artiste une surprenante dex-
térité, et dans son coup d'œil une assez juste appréciation
des formes. Les cavernes à ossements ont fourni de nombreux manches destinés à soutenir des armes en silex. Sur
quelques-uns, faits d'un tronçon de bois de renne, l'ouvrier
a su habilement profiter des inégalités naturelles pour
représenter l'animal d'où provenait le manche, le renne
lui-même, avec les pattes ployées sous le ventre, et les

cornes à vastes palmures couchées sur le dos. Plus curieuses
sont encore les tablettes de schistes, les plaques d'ivoire
où l'effigie du mammouth est gravée au burin. Les défenses
longues et recourbées, les oreilles petites qui distinguent le
mammouth des éléphants, la longue crinière descendant
du cou et de la poitrine jusqu'aux genoux, sont rendues
d'une façon très-reconnaissable. Pour représenter avec
tant de fidélité la monstrueuse bête, l'homme devait être
en présence du modèle, ou du moins l'avoir vu et très-sou-
vent. On ne saurait désirer meilleure preuve de la contem-
poranéité de l'homme et du vieil éléphant, dont on trouve
aujourd'hui les principaux restes dans les limons gelés de
la Sibérie.

L'embellissement de l'arme et de l'outil est accompagné
de l'embellissement de soi-même. Les Peaux-Rouges, avant
de s'engager dans le sentier de la guerre, se faisaient beaux
pour la bataille, se paraient le corps de couleurs vives; ils
ornaient leur longue chevelure pour défier le couteau à
scalper de l'ennemi. A peu près ainsi se comportait l'homme
contemporain du mammouth. La guerre atroce de peuplade
à peuplade devait être fréquente; la chasse était de tous les
jours. On courait sus à l'ennemi, on traquait le puissant
gibier, avec la parure de bataille. Les cavernes nous ont
gardé quelques matériaux de cette toilette guerrière. Ce
sont des boules de terre rouge, avec lesquelles on se frot-
tait le corps pour se donner un aspect plus menaçant. La
toilette féminine avait aussi ses bijoux, petits cailloux
blancs troués ou coquillages perforés pour être réunis en
colliers, en bracelets avec une lanière d'intestin.

Cependant les siècles s'accumulent et ces rudes peuplades lentement progressent vers un état meilleur. Une
époque arrive où la hache de pierre, le principal instrument, n'est pas un caillou dégrossi par éclats, mais un
silex artistement travaillé, poli avec soin sur une dalle de
grès. C'est l'*âge de la pierre polie*. Les autres armes se
perfectionnent aussi. Les dards pour lance et javelot, les
pointes pour flèche, sont des chefs-d'œuvre de patience et
d'adresse, si l'on songe aux difficultés de travail que pré-

sente la matière employée, le silex ou autre pierre très-
dure. La poterie est maintenant connue. Ce sont des réci-
pients ventrus, difformes, mal d'aplomb, façonnés à la
main avec une pâte d'argile noire où sont interposés de
nombreux petits graviers blancs. Pour les obtenir, le tour
n'intervient pas ; le pétrissage à la main fait tous les frais
de l'œuvre, comme le démontrent leur défaut de régularité et leurs parois épaisses. Le four, qui donnerait dureté,
n'intervient pas davantage : les pièces sont simplement
séchées au soleil. L'ornementation, quand il y en a, est
des plus élémentaires : quelques traits rectilignes ou anguleux tracés dans la pâte molle avec une arête de poisson,
quelques séries d'empreintes laissées par le bout du
pouce.

A l'habitation de la caverne a succédé une demeure de
construction humaine. Pour se garantir des incursions sou-
daines de l'ennemi, pour se mettre à l'abri des fauves,
partout où se trouve un lac, on bâtit sur pilotis, au milieu
des eaux. De forts pieux sont dressés, la tête à fleur d'eau,
l'extrémité inférieure dans la vase. Les intervalles sont
comblés avec des pierres, qui maintiennent le tout solide-
ment. Ainsi s'obtient un îlot artificiel, ou plutôt un haut
fond, dominé par les têtes des pieux. Sur cette base s'établit un plancher de branchages et de terre, où chacun
dresse sa hutte avec des branches entretracées et revête-
ment d'argile. Ces antiques demeures sur pilotis se nomment *palafittes*. Elles étaient fréquentes dans les divers
lacs de la Suisse, où se montrent encore, carbonisés par le
temps, les pieux qui leur servaient de support. Sur leur
emplacement se recueillent, au fond des eaux, des milliers
de débris caractérisant l'industrie de cette lointaine époque.

Le métal vient enfin, non le fer, mais le bronze, bien
plus facile à obtenir. Avec cette matière pour outil et pour
arme, les progrès sont rapides. L'agriculture naît, le troupeau est formé, les animaux domestiques sont acquis, la
nourriture ne dépend plus des résultats chanceux d'une
expédition de chasse. Or, tandis que l'homme progresse
ainsi de la pierre au métal, de l'abri sous roche à la de-

meure construite de ses mains, du gibier incertain au troupeau, un exhaussement lent, continué pendant une longue série de siècles, change la configuration de l'Europe. Les pleines submergées du nord sont mises à sec, l'océan polaire se retire dans ses limites actuelles. Le climat devient moins froid, les glaciers diminuent et remontent dans les hautes vallées ; le renne, l'élan, suivent dans sa retraite le climat glacé ; nos pays acquièrent la flore et la faune d'aujourd'hui, et l'homme toujours plus riche d'idées, d'acquisitions, de découvertes, marche à la conquête de la terre.

CHAPITRE IX

CARTE GÉOLOGIQUE DE FRANCE

1. Histoire de la formation du sol de la France. — Nous résumerons ces études sur les principales périodes géologiques par un tableau d'ensemble concernant la formation du sol de là France. La terre, astre éteint, globe de matériaux en fusion, reçoit son enveloppe océanique lorsqu'une écorce solide s'est formée à la surface et que le refroidissement permet la précipitation des eaux, jusquelà suspendues en vapeurs dans une énorme atmosphère. Du sein de cet océan universel s'élèvent les premières rugosités de la planète, ayant pour cause la contraction de la masse refroidie, les dislocations, les ruptures de l'écorce formée. Les matériaux ignés de l'intérieur remontent à travers le sol primordial brisé, et se font jour en épanchements de granit.

Or ces premières terres émergées sont, en France, d'une part la Vendée et une partie de la Bretagne ; d'autre part, le plateau central, comprenant le Limousin, l'Auvergne, le Rouergue, le Vivarais. Quelques îles, quelques langues de terre, de moindre étendue, les accompagnaient. L'un de ces massifs, qui est devenu la chaîne des Maures, en Provence, se reliait probablement avec la Corse, à travers ce qui devait être un jour la Méditerranée. Un autre, premier noyau des Pyrénées, occupe l'extrémité orientale de cette chaîne. Des granits, des gneiss, des micaschistes, composent ces terres primitives, sur lesquelles ne s'est déposé aucun des sédiments marins qui devaient plus tard prendre une si grande part à la formation de notre sol. Leur ensemble forme à peu près le cinquième de la France actuelle. Tout le reste était sous les eaux et couvert par la mer silurienne, où vivaient les Trilobites.

Les rides de la terre s'accentuent davantage, l'émersion se continue avec une lenteur qui échappe à notre chronologie, et lorsque les terrains de transition se sont déposés en assises, la terre ferme se trouve notablement agrandie. L'île de la Bretagne s'est accrue, se prolongeant dans la Normandie ; la région des Ardennes est hors des eaux, ainsi que la région des Ballons des Vosges ; une ample et longue bande marque l'emplacement où se dresseront plus tard les Pyrénées.

Dans les mers dont ces terres sont les rivages se déposent les terrains secondaires, parmi lesquels est le trias, un des premiers en date. A la fin de la période triasique, la Bretagne est une grande île qui s'étend au sud jusque vers Poitiers, au nord jusqu'en Écosse. Le bras de mer, la Manche, qui doit dans l'avenir, à la suite d'un affaissement, segmenter cette île, n'existe pas encore. La région des Ardennes et la région des Vosges, reliées entre elles, se prolongent à l'est en une langue de terre à travers la majeure partie de l'Europe. Le plateau central, amplifié, se relie au massif des Pyrénées. Mentionnons encore le massif du Var, auquel fait suite la Corse. En somme quatre îles, ou plutôt quatre lambeaux de terre plus grands dont la configuration ne nous est connue qu'en partie, se montrent, à la fin de la période triasique, sur l'emplacement de la France future. Deux sont au nord et de plus grande étendue, deux sont au sud et d'étendue moindre. Le lambeau de terre du nord-ouest comprend notre Bretagne, l'Angleterre, l'Écosse. Un détroit, situé vers Poitiers, le sépare du plateau central ; un large bras de mer, sur l'emplacement où se trouvent aujourd'hui Londres, Paris, Genève, le sépare de la terre du nord-est. Celle-ci va de Dunkerque jusqu'aux régions orientales de l'Europe, à travers l'Allemagne, l'Autriche, la Pologne. Les deux terres du sud sont, à l'ouest, le plateau central se prolongeant par le bourrelet Pyrénéen ; à l'est, le petit massif du Var et son appendice la Corse. Tout le reste de la France est sous les eaux des mers jurassiques, où règnent les grands sauriens, ichthyosaures ou plésiosaures.

Des sédiments déposés par les mers jurassiques sont provenus le Poitou, le Berry, le Nivernais, la Bourgogne, le plateau de Langres, la Franche-Comté, la Lorraine, une partie de la Normandie et du Maine. Les mers cernant le plateau central ont formé au sud le Quercy et les Causses ; à l'est la Savoie et le Dauphiné.

Après l'émersion des terrains jurassiques, le détroit vers Poitiers disparaît, ainsi que le bras de mer entre Autun et Langres, et les deux terres du nord se trouvent reliées au plateau central. Celui-ci, au contraire, se sépare du massif pyrénéen. Une autre terre a paru à l'est, allant de Briançon à Salsbourg. De cette configuration résultent trois grands golfes maritimes, qui correspondent à peu près aux bassins de trois de nos grands fleuves, la Seine, la Garonne, le Rhône. Dans le golfe du nord sont compris les emplacements de Dunkerque, d'Arras, de Paris, de Tours ; dans le golfe du sud-ouest sont Bordeaux, Dax, Toulouse ; enfin dans le golfe du sud-est sont Perpignan, Marseille, Avignon. Ce dernier, rétréci en bras de mer, remonte à travers la Suisse jusqu'à Salsbourg, jusqu'à Munich. C'est dans les mers ainsi circonscrites que se déposent les terrains crétacés, et que pullulent les Ammonites et les Bélemnites.

A la formation crétacée du golfe du nord sont dus l'Artois, une partie de la Picardie, la Champagne, le Saumurois, une partie de l'Anjou et du Maine. Le golfe du sud-ouest a fourni la Saintonge, une fraction du Périgord, le Béarn, le bas Languedoc. Du golfe du sud-est proviennent une partie de la Provence, une partie du Languedoc, et une longue bande sur toute la ligne des Alpes.

Maintenant, sur les terres reliées en un massif commun pâturent, au bord des lacs, les *paléothériums*, et dans les trois golfes, considérablement amoindris, se déposent les terrains tertiaires. Leur émersion met à sec une étendue qui représente environ le tiers de la France. Le golfe du nord ou golfe de Neustrie a fourni la Touraine, l'Orléanais, l'Ile-de-France, la Brie, la haute Normandie et la Picardie. Au golfe du sud-ouest ou golfe d'Aquitaine, reviennent l'Aquitaine et une partie du Languedoc. Du golfe du sud-est ont surgi la Bresse, le Viennois et une partie de la Provence. La Limagne a pour origine des lacs contemporains.

Vers la fin de la période tertiaire éclate la conflagration des nombreux volcans du plateau central. Alors ont lieu les éruptions de trachyte, alors s'épanchent hors des cratères les coulées de laves et de basaltes. Enfin les terrains modernes ou quaternaires achèvent de donner au sol la configuration actuelle en déposant dans les vallées les alluvions de sables, de limons, de cailloux roulés.

2. Étude de la carte géologique de France dans ses traits principaux. — D'après le développement dans lesquels nous venons d'entrer, on voit qu'en dernier lieu, à l'époque des dépôts tertiaires, trois golfes découpent les terres qui par leur extension doivent devenir la France, le golfe de la Neustrie, le golfe de l'Aquitaine et le golfe Rhodanien. Ce sont là trois cuvettes où s'amassent les sédiments tertiaires. Mais ces cuvettes sont les restes soit de bras de mer, soit de golfes plus étendus, dont le lit a reçu antérieurement les assises crétacées, et avant celles-ci, les assises jurassiques. Diminuant d'ampleur par l'effet des lentes oscillations, des plissements de l'écorce terrestre, ces bassins ont soulevé hors des eaux leurs parties les moins profondes, leurs régions littorales, leurs bords, qui venaient accroître l'étendue de la terre ferme, tandis que leur région centrale continuait à être submergée et recevait la suite des sédiments marins. Il s'est formé ainsi une suite de zones concentriques dont la plus vieille est la plus éloignée de la cuvette finale, tandis que la plus récente est au milieu.

Ces zones sont d'une extrême irrégularité à cause de l'irrégularité du lit et du rivage des antiques bassins dont elles représentent la bande littorale soulevée hors des eaux, à cause aussi du défaut de symétrie dans les oscillations terrestres qui ont provoqué leur émersion ; toutefois, soit par larges bandes continues, soit par lambeaux disjoints, elles se succèdent, d'après leur âge, du centre à la circonférence ; et les plus vieilles viennent s'appuyer tantôt sur les terrains de transition, tantôt sur les granits et les gneiss des terres primitives. Superficielles dans une étendue plus ou moins considérable, elles plongent sous le sol vers la partie centrale du bassin et sont recouvertes par toutes les assises de date postérieure. Aussi en fouillant le sol à des profondeurs suffisantes dans la région moyenne du golfe neustrien, la sonde traverserait d'abord les terrains tertiaires, puis les terrains crétacés, ensuite les terrains jurassiques, enfin les dépôts de date plus reculée. Mais à travers le terrain jurassique de la Bourgogne, la sonde évidemment ne pourrait renconter ni le terrain crétacé, ni le terrain tertiaire, puisque cette région était hors des eaux quand se sont effectués les dépôts crétacés et plus tard les dépôts tertiaires.

L'examen de la carte géologique rend évidente cette disposition par zones concentriques dans les trois bassins. Le voyageur qui, partant de Paris, se dirigerait à l'est, marcherait d'abord sur le terrain tertiaire de l'Ile-de-France, puis sur le terrain crétacé de la Champagne ; ensuite sur le terrain jurassique de la Bourgogne, du plateau de Langres, de la Lorraine ; il trouverait enfin les terrains secondaires inférieurs des Vosges, et les terrains de transition s'appuyant sur le granit.

A l'ouest, même disposition. Au tertiaire font suite deux

lambeaux, l'un de crétacé, l'autre de jurassique; puis viennent les terrains de transition de la Bretagne, avec ceinture de granit. Au midi, l'ordre de succession se maintient le même, du moins par places, là où les divers terrains sont représentés; enfin les couches jurassiques s'appuient sur le massif granitique du plateau central.

Le tertiaire de l'Aquitaine est suivi au nord du crétacé de la Saintonge et du Périgord, puis du jurassique du Poitou, enfin des terrains primitifs de la Vendée et du plateau central. Au sud, reparaît le terrain crétacé, auquel fait suite le terrain de transition des Pyrénées.

La région Rhodanienne, toute fragmentée, paraît d'abord n'offrir que désordre; cependant on y reconnaît çà et là l'ordre habituel de succession. Au tertiaire de la Provence, font suite, à l'est, le crétacé, puis le jurassique; et ce dernier est adossé au terrain primitif du Vivarais. Dans les autres directions, le même ordre se conserve : à mesure qu'on s'éloigne du centre tertiaire, on rencontre des terrains d'âge plus reculé.

FIN

FRANCE (CARTE GÉOLOGIQUE)
par E. Levasseur

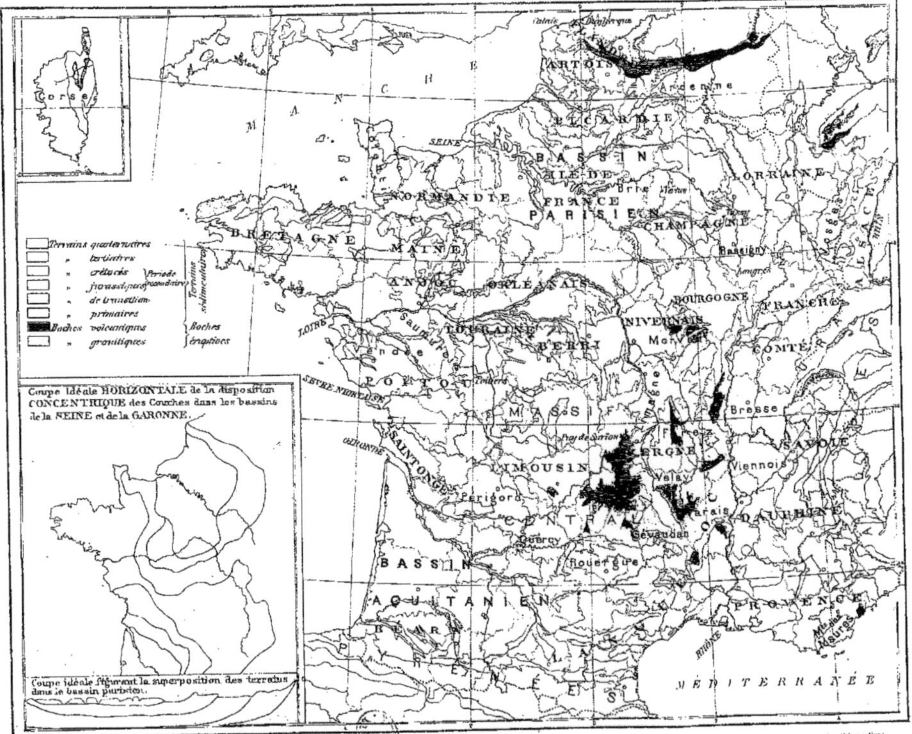

TABLE DES MATIÈRES

FIN DE LA TABLE DES MATIÈRES.

PARIS. — IMPRIMERIE ÉMILE MARTINET, RUE MIGNON, 2